Klasse 2-4

Michael Junga

Würfel-Geometrie

Räumliche Wahrnehmung trainieren

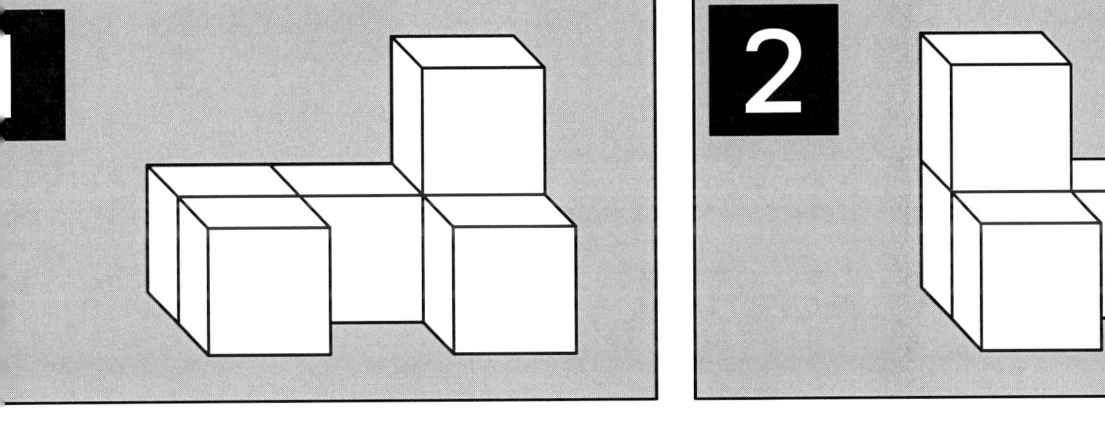

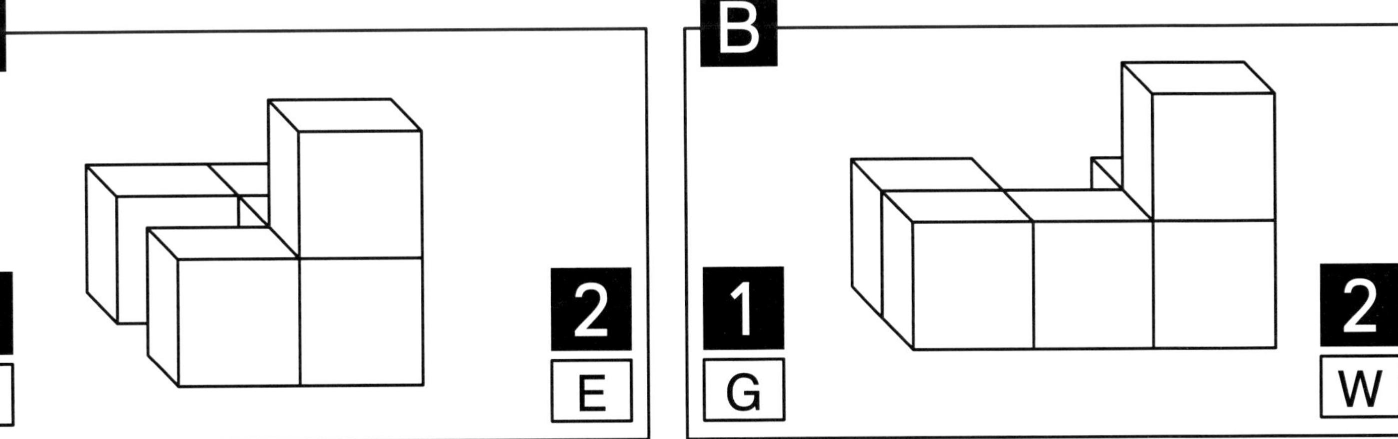

- Räumliche Wahrnehmung
- Geometrische Vorstellung
- Spiegelbilder, Baupläne, Perspektiven ...

Würfel-Geometrie

Räumliche Wahrnehmung trainieren

6. Auflage 2025

Inhalt: Michael Junga
Coverbild: Michael Junga
Redaktion: Kohl-Verlag
Grafik & Satz: Kohl-Verlag
Druck: Farbo prepress GmbH, Köln

Bidquellennachweis:
Seite 3: © nektoetkin - AdobeStock.com; **Seite 4:** © Michael Eichler - AdobeStock.com

Bestell-Nr. 12 204

ISBN: 978-3-96040-370-8

Kontakt: Kohl-Verlag, An der Brennerei 37-45, 50170 Kerpen
Tel: +49 2275 331610, Mail: info@kohlverlag.de

Unsere Lizenzmodelle

Der vorliegende Band ist eine Print-Einzellizen

Sie wollen unsere Kopiervorlagen auch digital nutzen? Kein Problem – fas das gesamte KOHL-Sortiment ist auch sofort als PDF-Download erhäl lich! Wir haben verschiedene Lizenzmodelle zur Auswahl:

	Print-Version	PDF-Einzellizenz	PDF-Schullizenz	Kombipaket Print & PDF-Einzellizenz	Kombipaket Print & PDF-Schullizenz
Unbefristete Nutzung der Materialien	x	x	x	x	x
Vervielfältigung, Weitergabe und Einsatz der Materialien im eigenen Unterricht	x	x	x	x	x
Nutzung der Materialien durch alle Lehrkräfte des Kollegiums an der lizensierten Schule			x		x
Einstellen des Materials im Intranet oder Schulserver der Institution			x		x

Die erweiterten Lizenzmodelle zu diesem Titel sind jederzeit im Online Shop unter www.kohlverlag.de erhältlich.

Inhalt

KOHL VERLAG Würfel-Geometrie
Räumliche Wahrnehmung trainieren – Bestell-Nr. 12 204

Vorwort und Hinweise

Der Würfel bildet einen zentralen Baustein im Geometrieunterricht der Grundschule. Für viele Kinder bedeutet die Beschäftigung mit ihm den ersten Zugang zu Flächen- und Raumerfahrungen und den damit zusammenhängenden Wahrnehmungskompetenzen.

Die hier vorliegenden Kopiervorlagen stärken und trainieren auf vielfältige Weise das räumliche Denk- und Kombinationsvermögen der Kinder und wirken sich dadurch auch sehr positiv auf alle weiteren Lerninhalte und Unterrichtsfächer in der Grundschule aus.

Die Vielseitigkeit der Aufgabenformate machen diese Kopiervorlagen zu einem umfassenden Medienpaket, das für viele Jahre ein kompetenter Lernbegleiter für die Schülerinnen und Schüler sein wird.

Viel Freude mit diesem Material wünschen Ihnen der Kohl-Verlag und

Michael Junga

Zeichne nach!

Aufgabe: *Übertrage den Würfelturm in das untere Gitterfeld und male anschließend dein fertiges Bild farbig aus!*

1

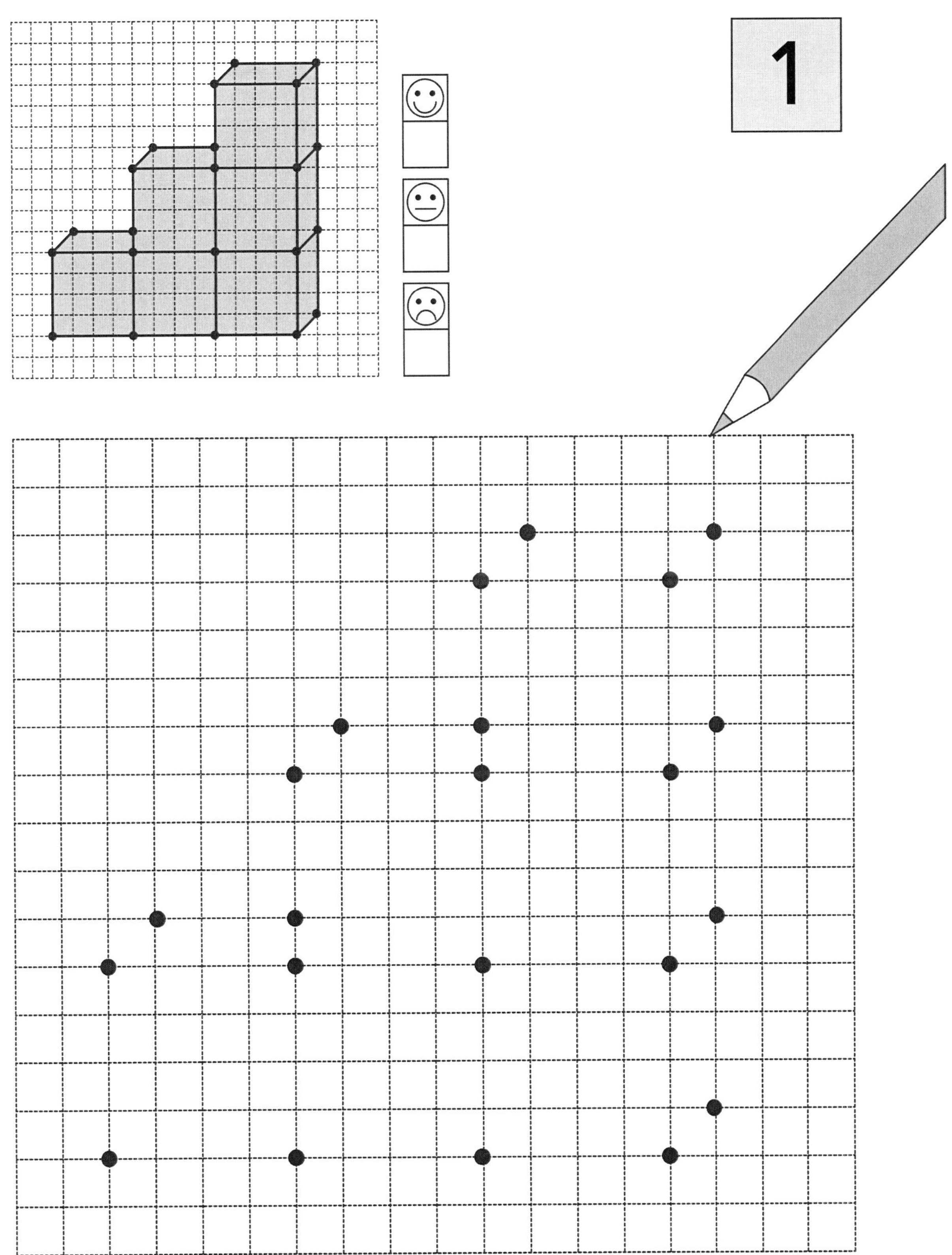

Würfel-Geometrie
Räumliche Wahrnehmung trainieren – Bestell-Nr. 12 204

KOHL VERLAG

Zeichne nach!

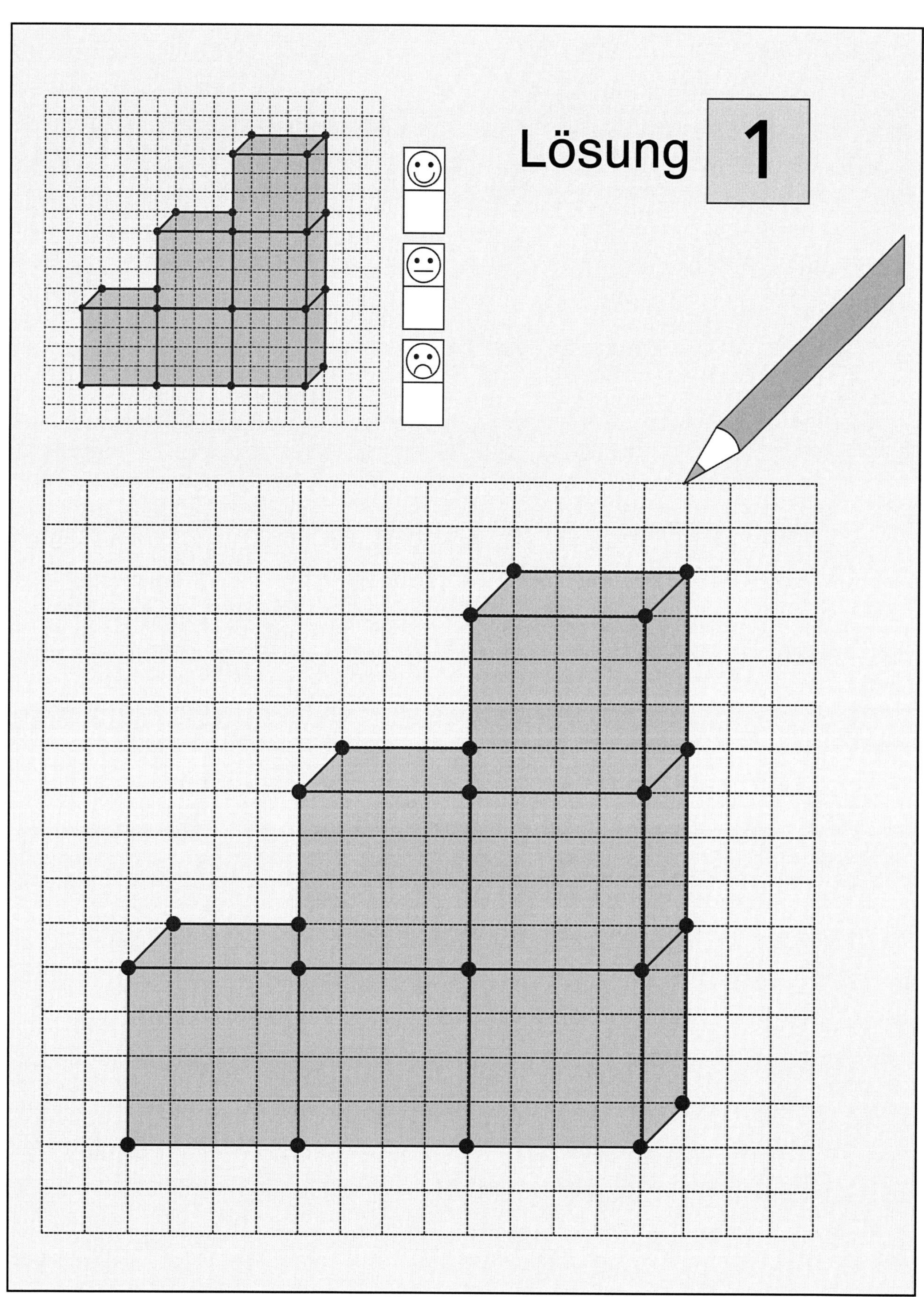

Zeichne nach!

Aufgabe: *Übertrage den Würfelturm in das untere Gitterfeld und male anschließend dein fertiges Bild farbig aus!*

2

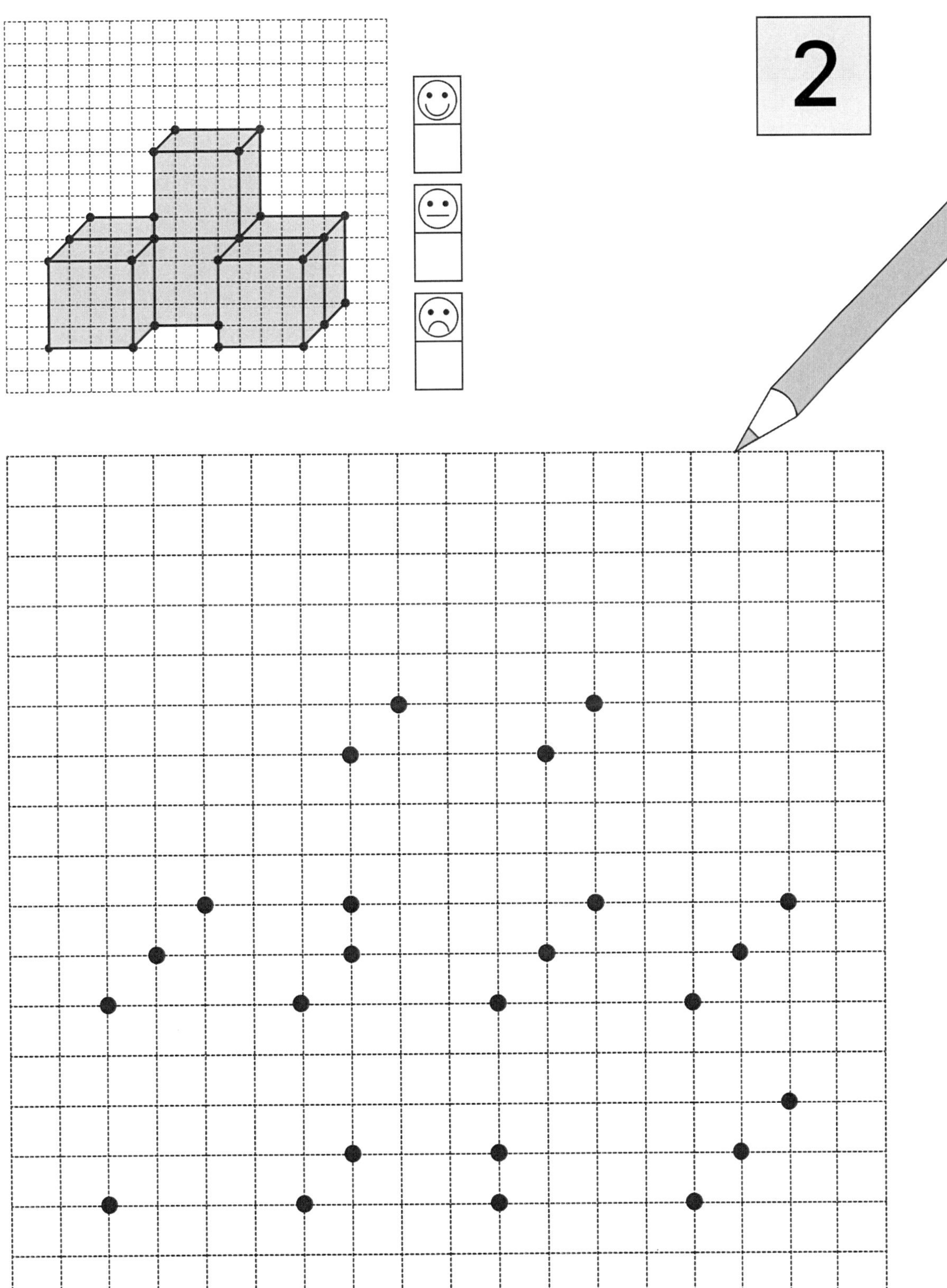

Würfel-Geometrie
Räumliche Wahrnehmung trainieren – Bestell-Nr. 12 204
KOHL VERLAG

Zeichne nach!

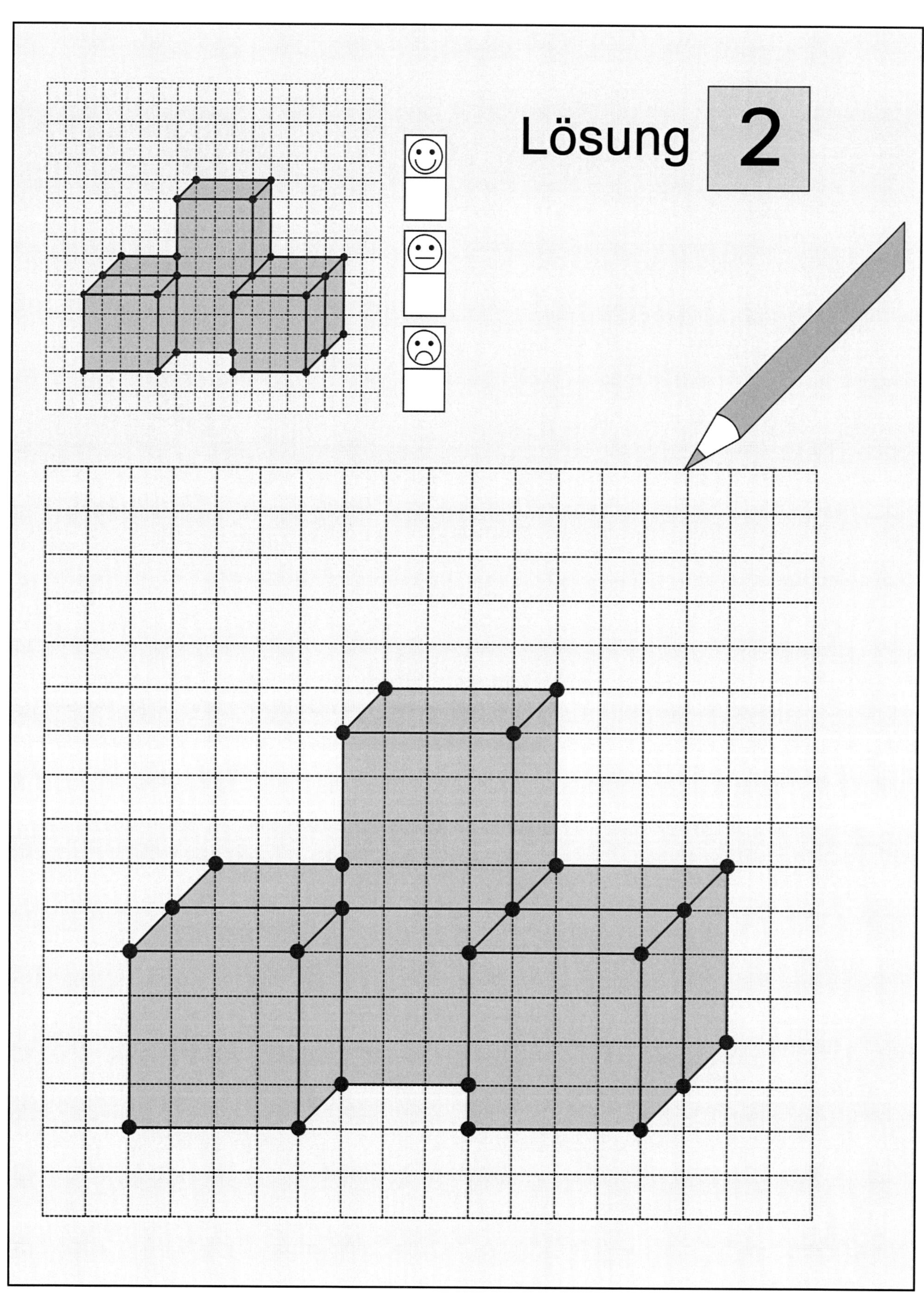

Zeichne nach!

Aufgabe: *Übertrage den Würfelturm in das untere Gitterfeld und male anschließend dein fertiges Bild farbig aus!*

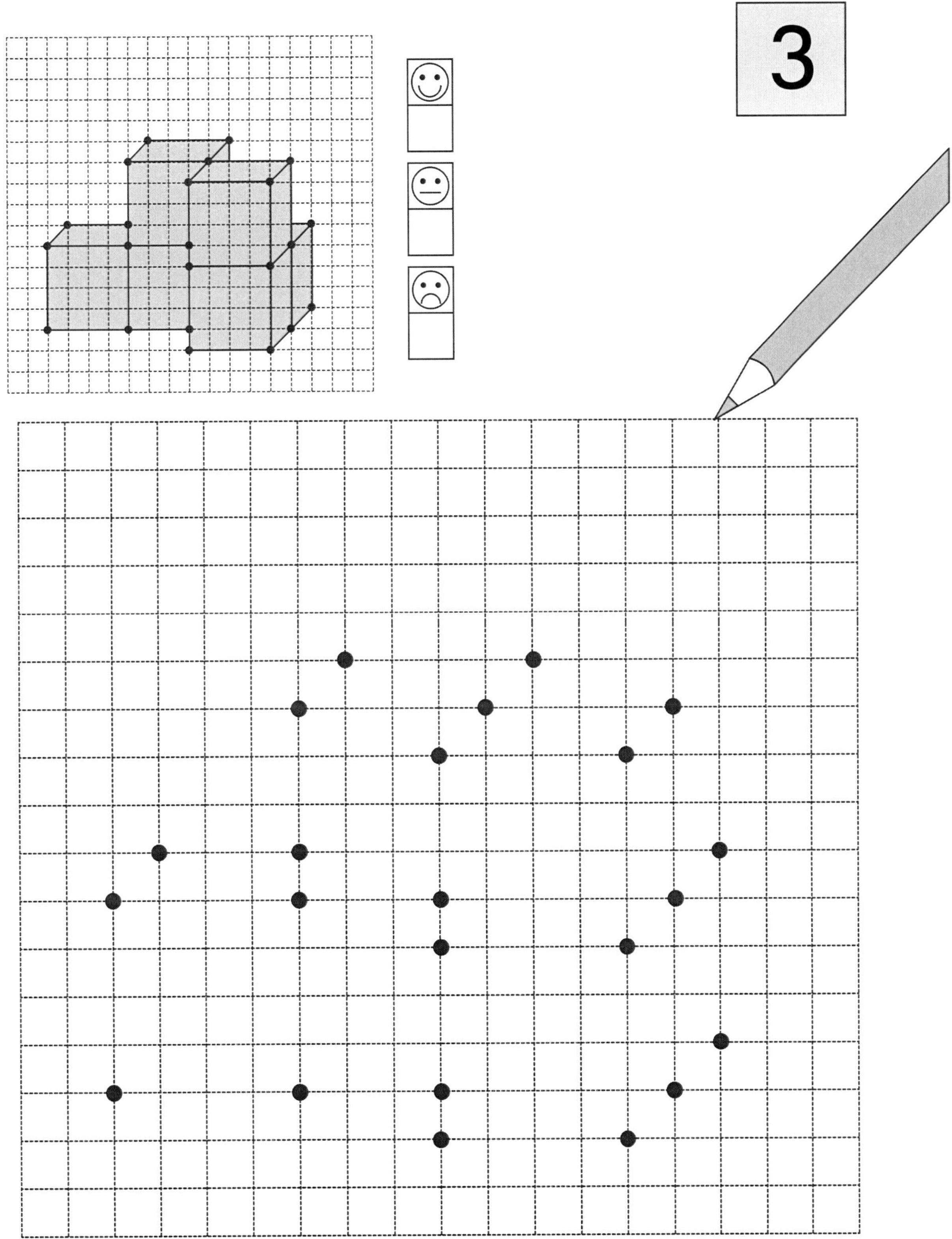

3

Würfel-Geometrie
Räumliche Wahrnehmung trainieren – Bestell-Nr. 12 204
KOHL VERLAG

Zeichne nach!

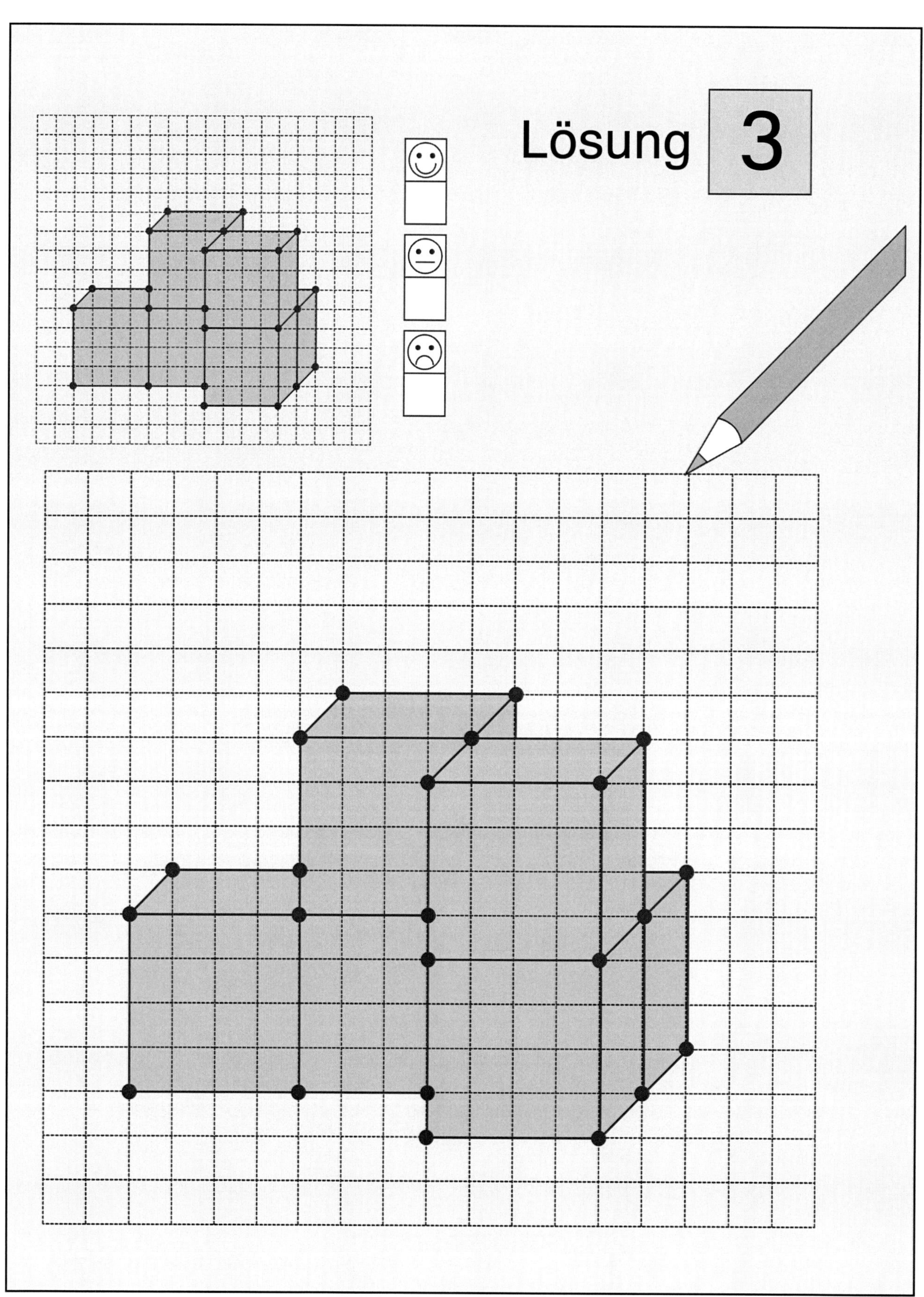

Zeichne nach!

Aufgabe: *Übertrage den Würfelturm in das untere Gitterfeld und male anschließend dein fertiges Bild farbig aus!*

4

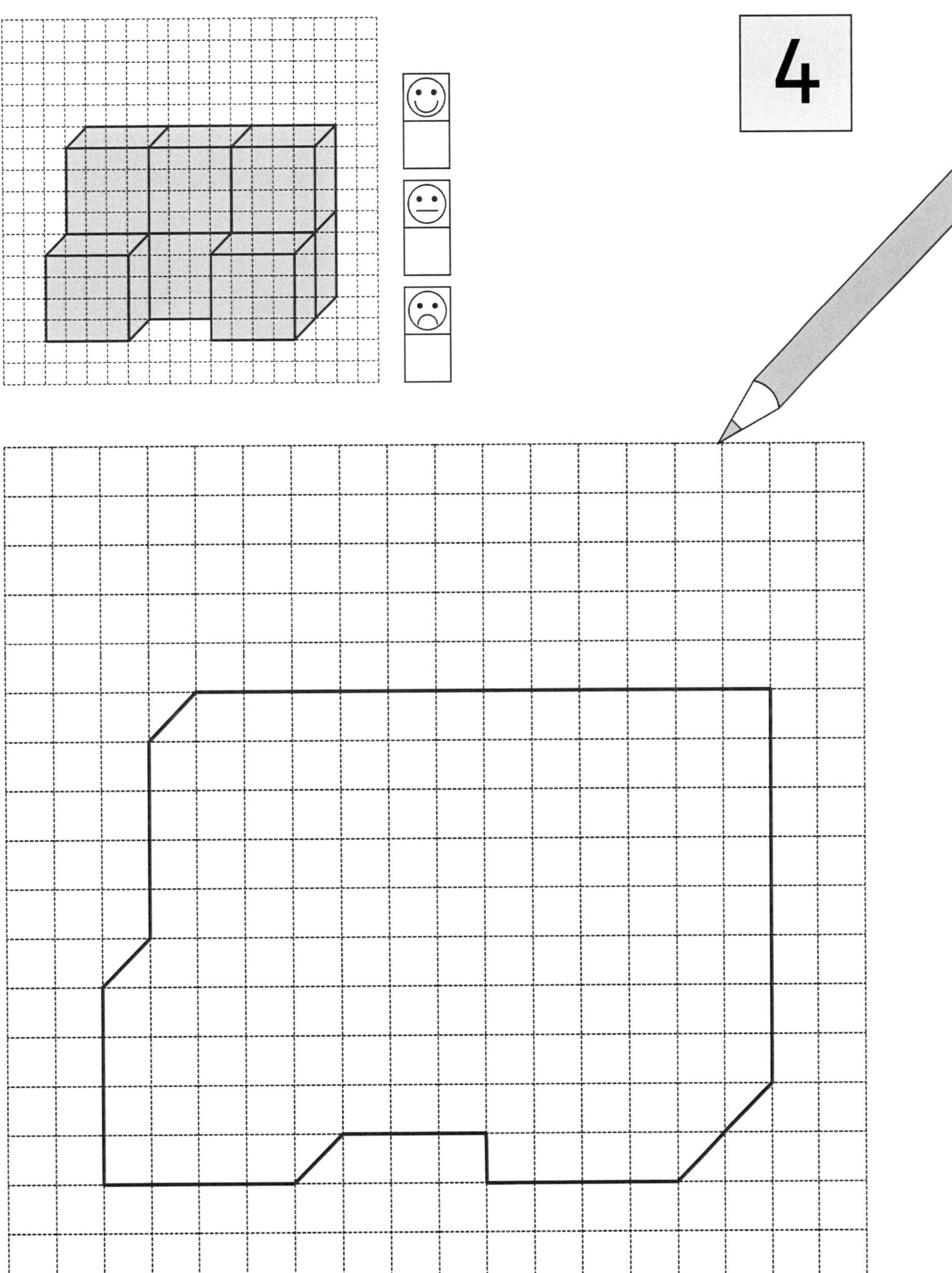

Würfel-Geometrie
Räumliche Wahrnehmung trainieren – Bestell-Nr. 12 204
KOHL VERLAG

Zeichne nach!

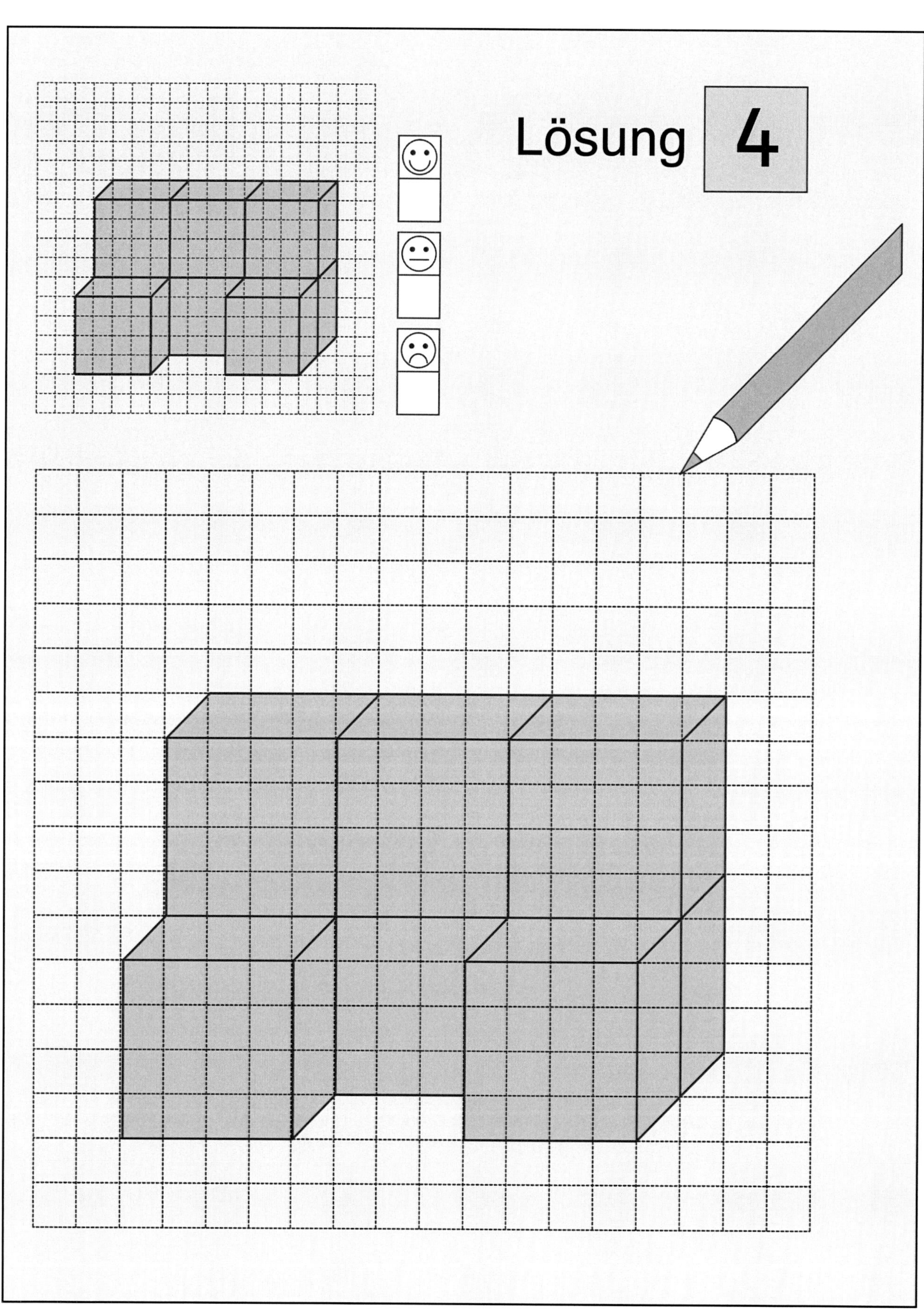

Zeichne nach!

Aufgabe: *Übertrage den Würfelturm in das untere Gitterfeld und male anschließend dein fertiges Bild farbig aus!*

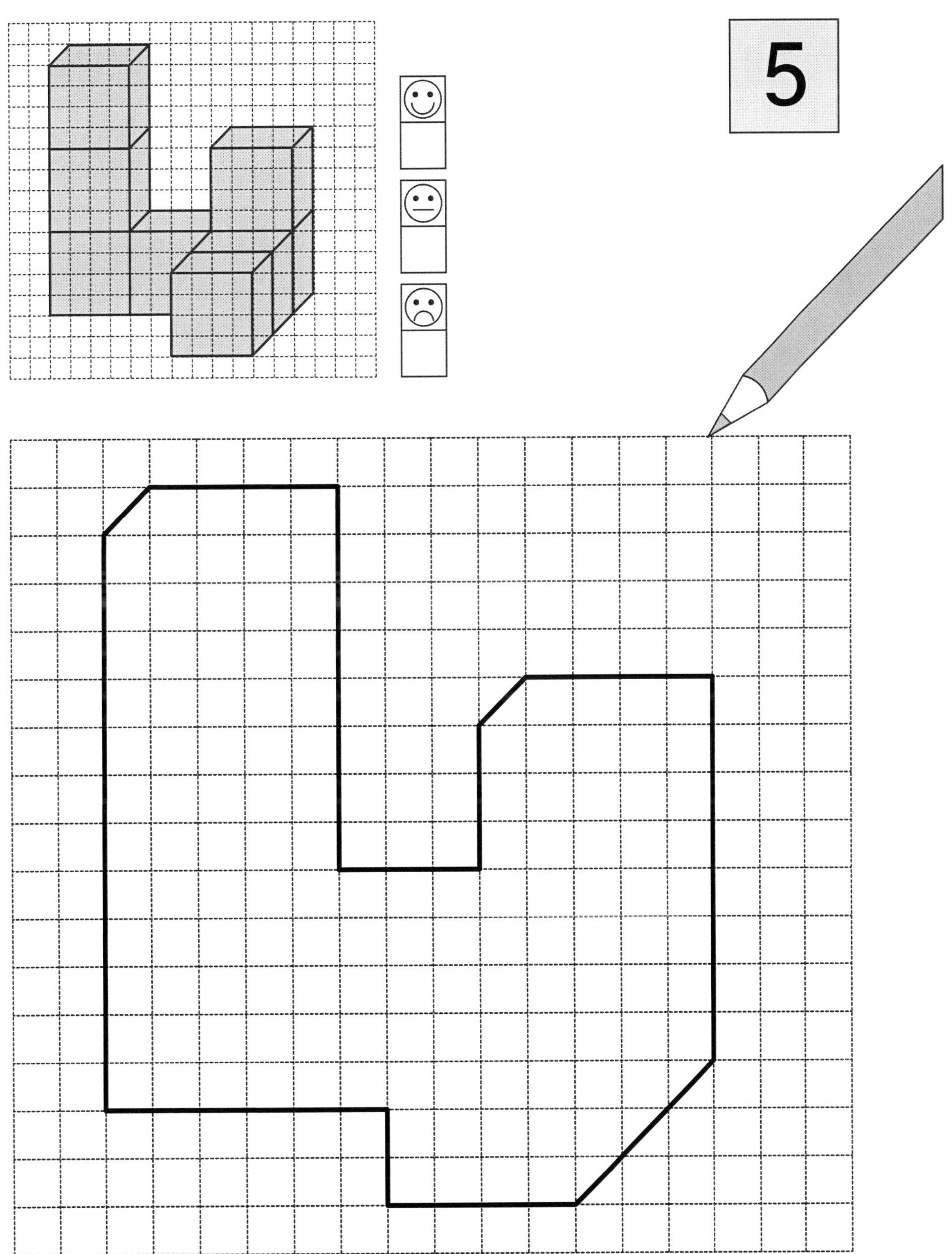

KOHL VERLAG Würfel-Geometrie Räumliche Wahrnehmung trainieren – Bestell-Nr. 12 204

Zeichne nach!

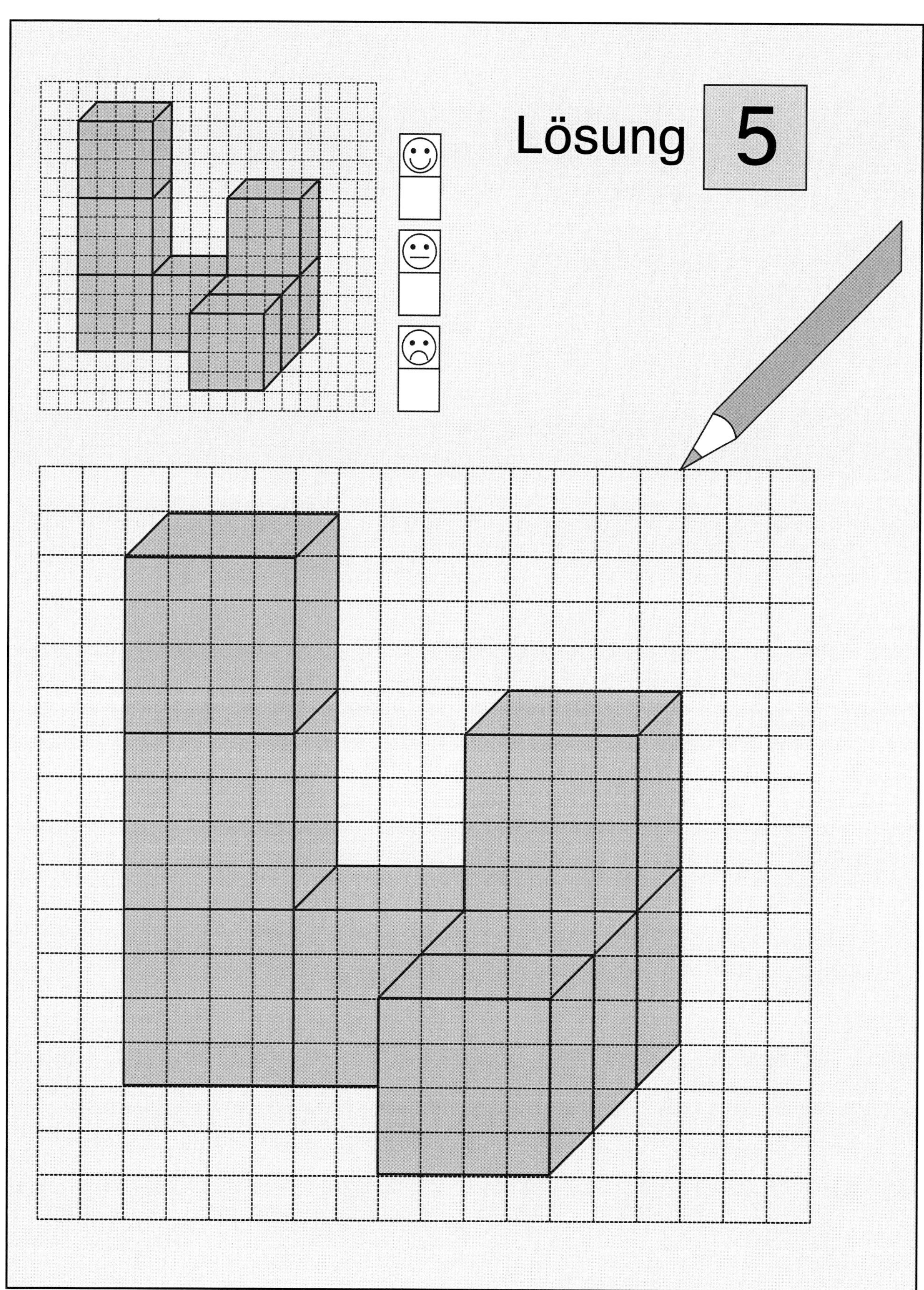

Zeichne nach!

Aufgabe: *Übertrage den Würfelturm in das untere Gitterfeld und male anschließend dein fertiges Bild farbig aus!*

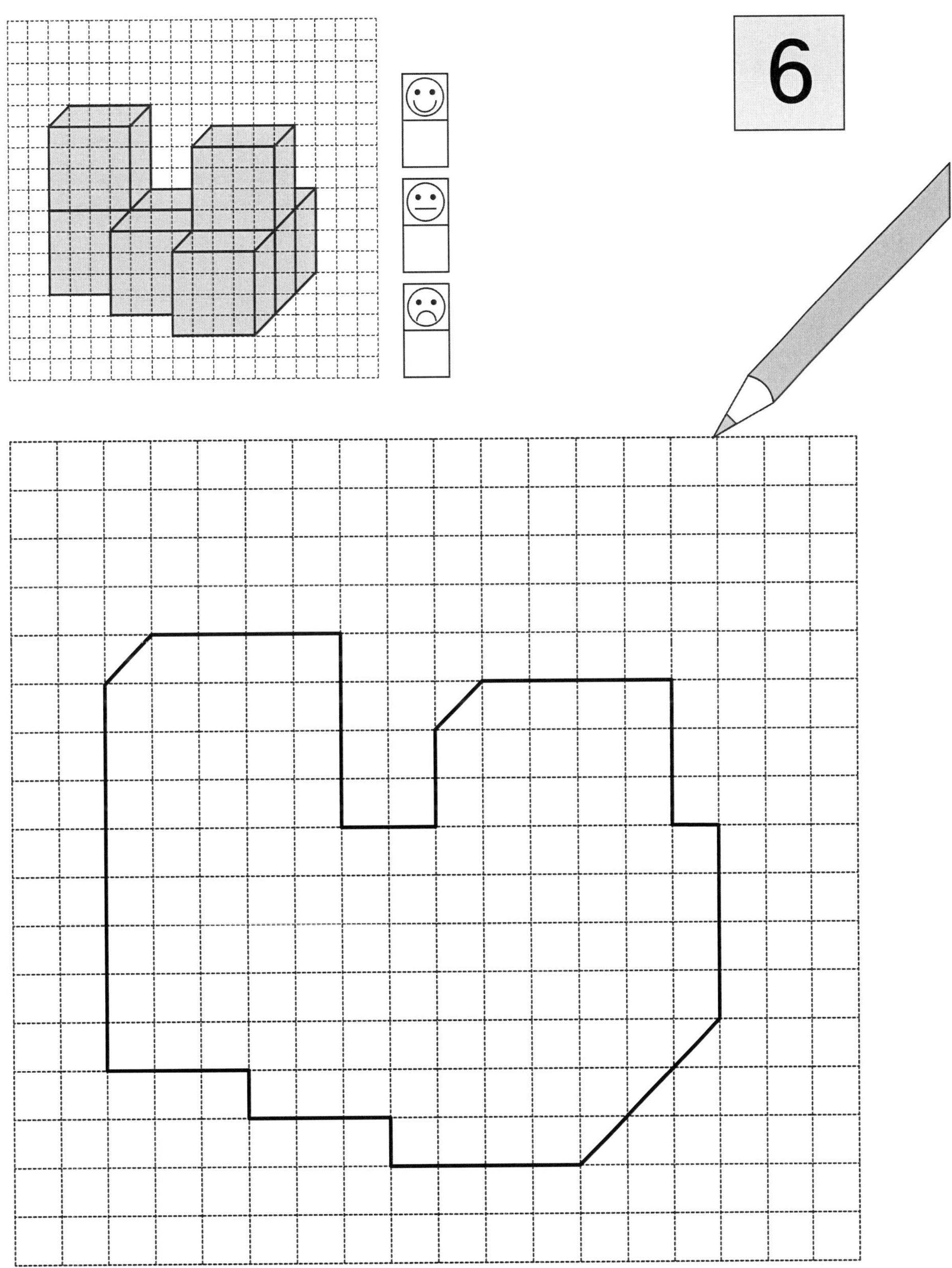

Würfel-Geometrie
Räumliche Wahrnehmung trainieren – Bestell-Nr. 12 204
KOHL VERLAG

Zeichne nach!

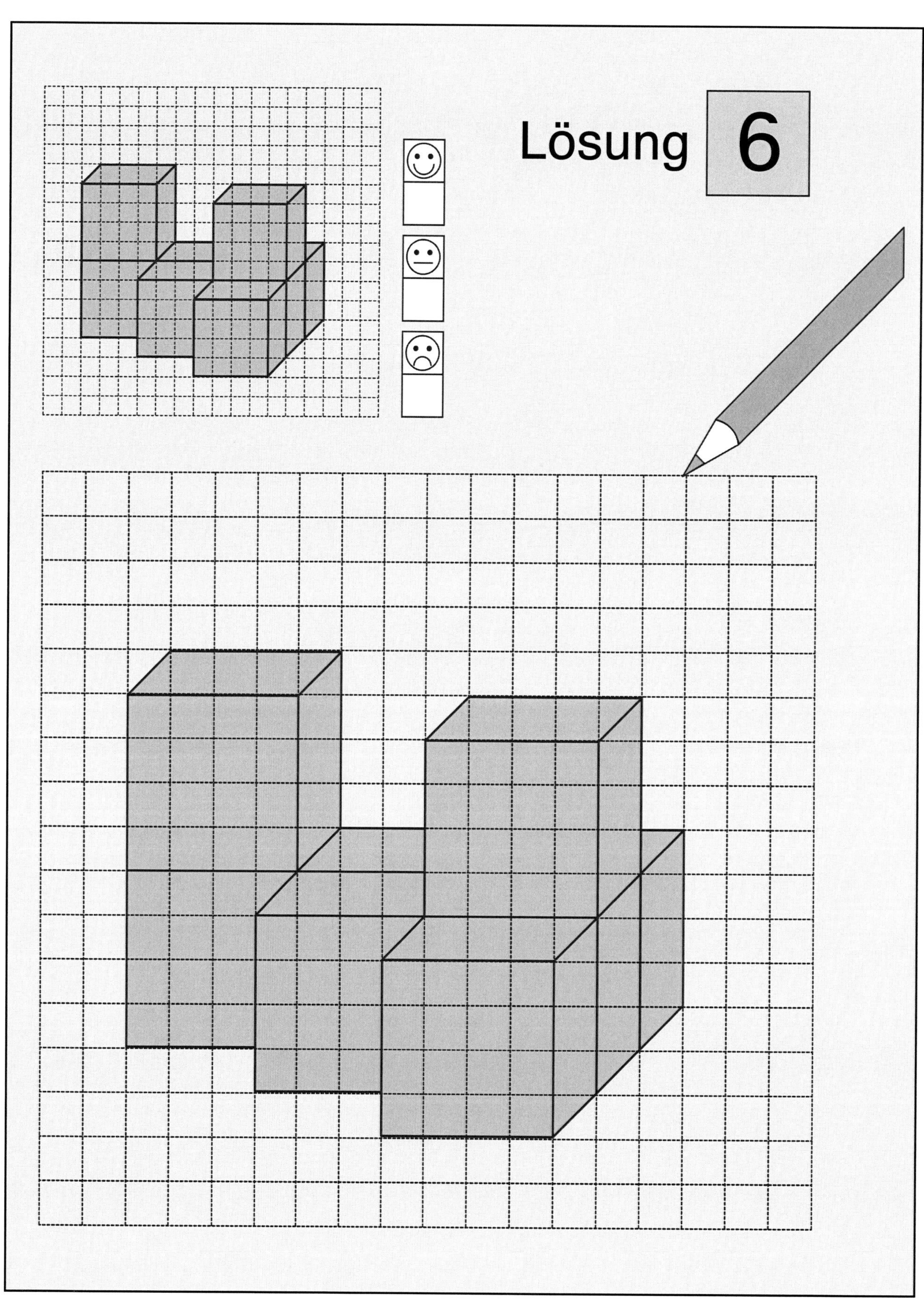

Zeichne nach!

Aufgabe: *Übertrage den Würfelturm in das untere Gitterfeld und male anschließend dein fertiges Bild farbig aus!*

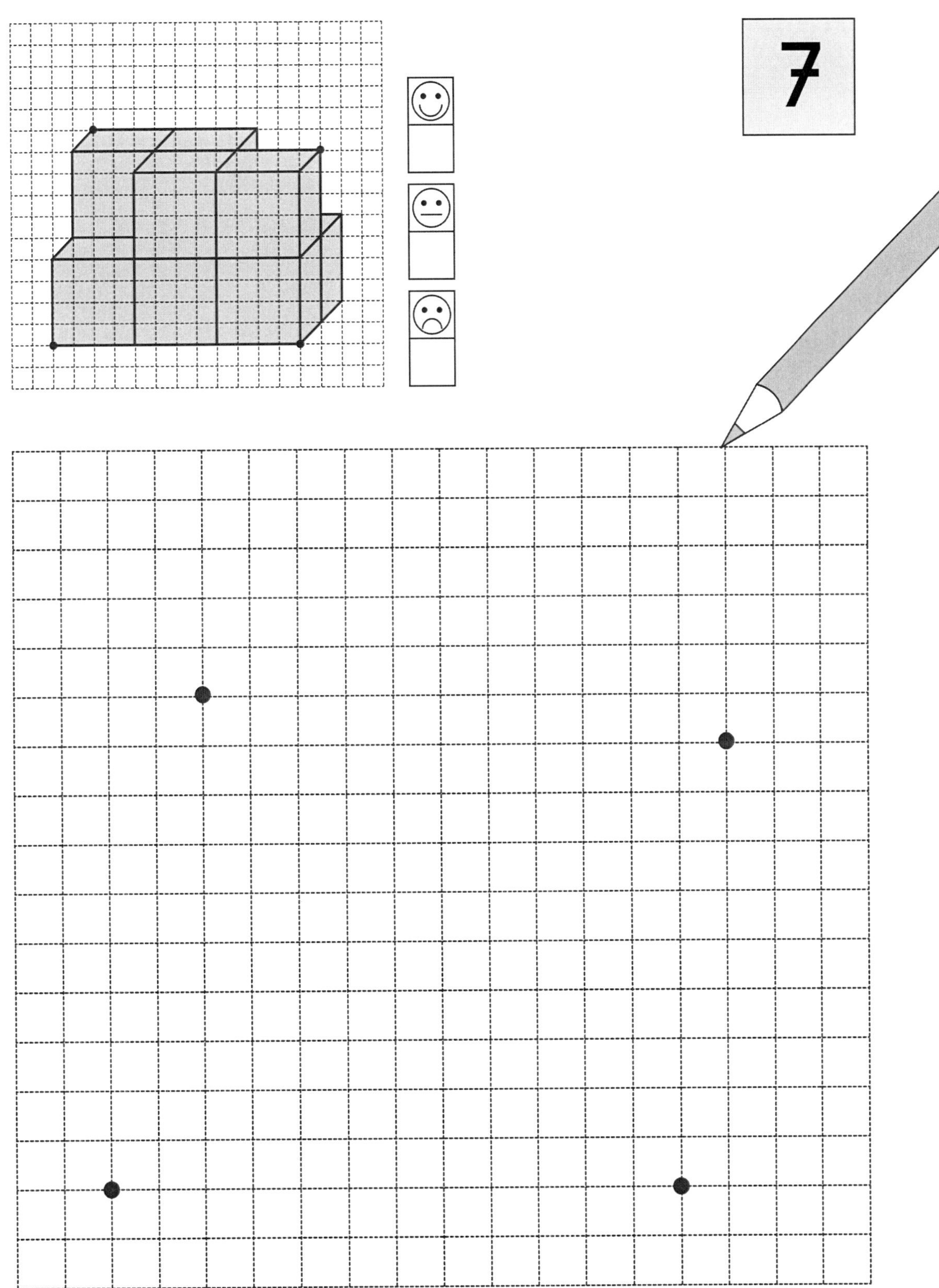

7

KOHL VERLAG Würfel-Geometrie Räumliche Wahrnehmung trainieren – Bestell-Nr. 12 204

Zeichne nach!

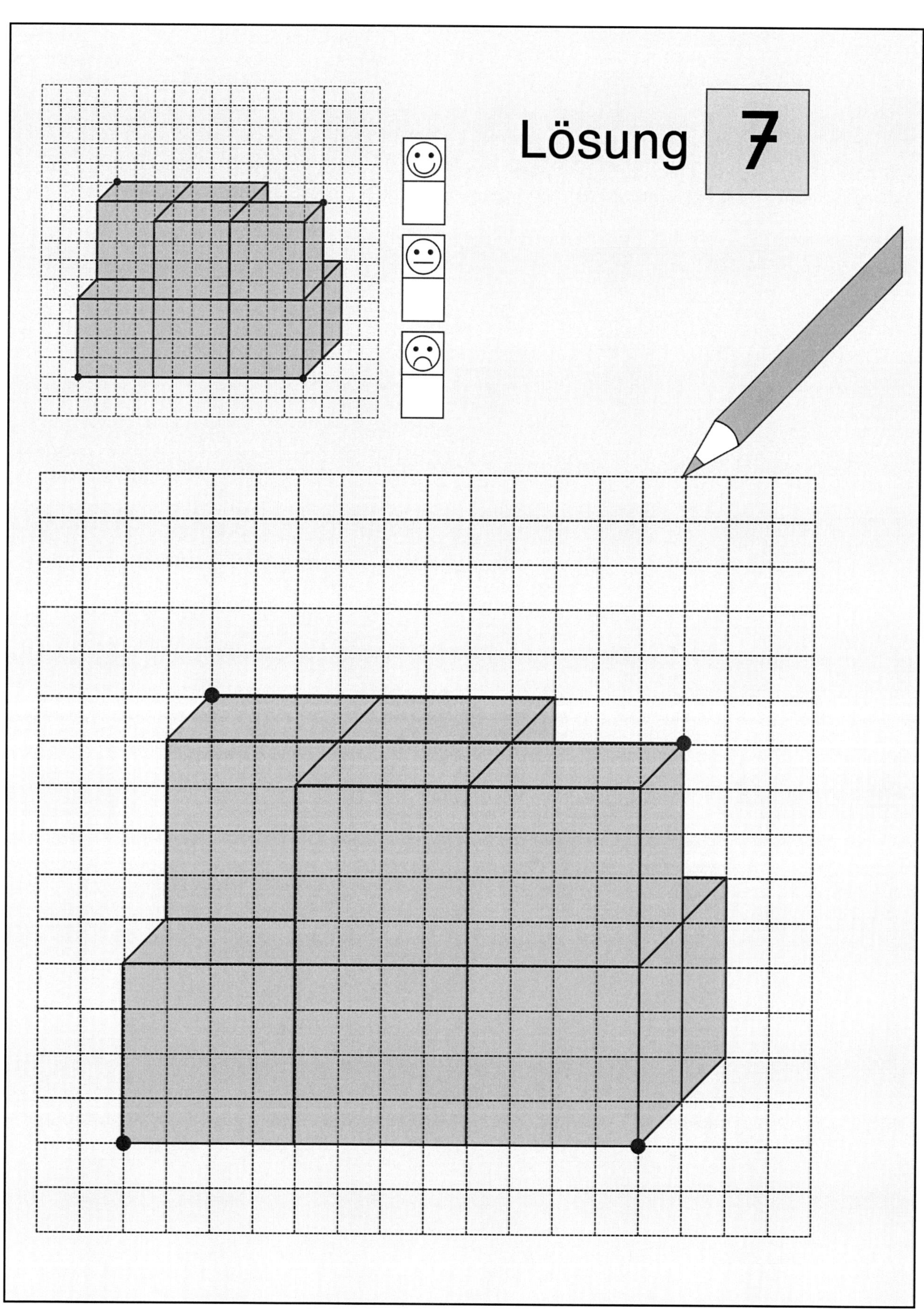

Zeichne nach!

Aufgabe: *Übertrage den Würfelturm in das untere Gitterfeld und male anschließend dein fertiges Bild farbig aus!*

8

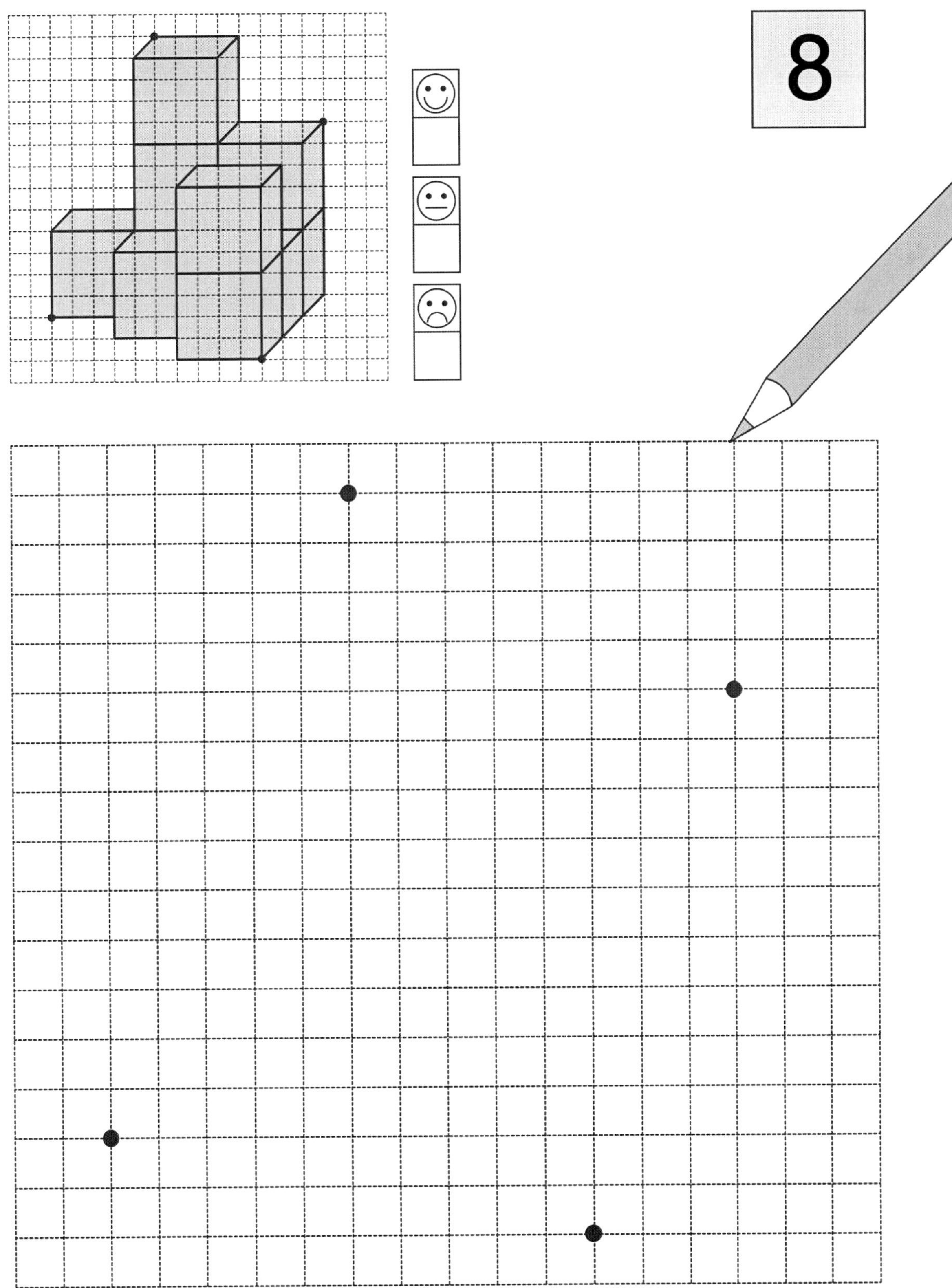

Würfel-Geometrie
Räumliche Wahrnehmung trainieren – Bestell-Nr. 12 204
KOHL VERLAG

Zeichne nach!

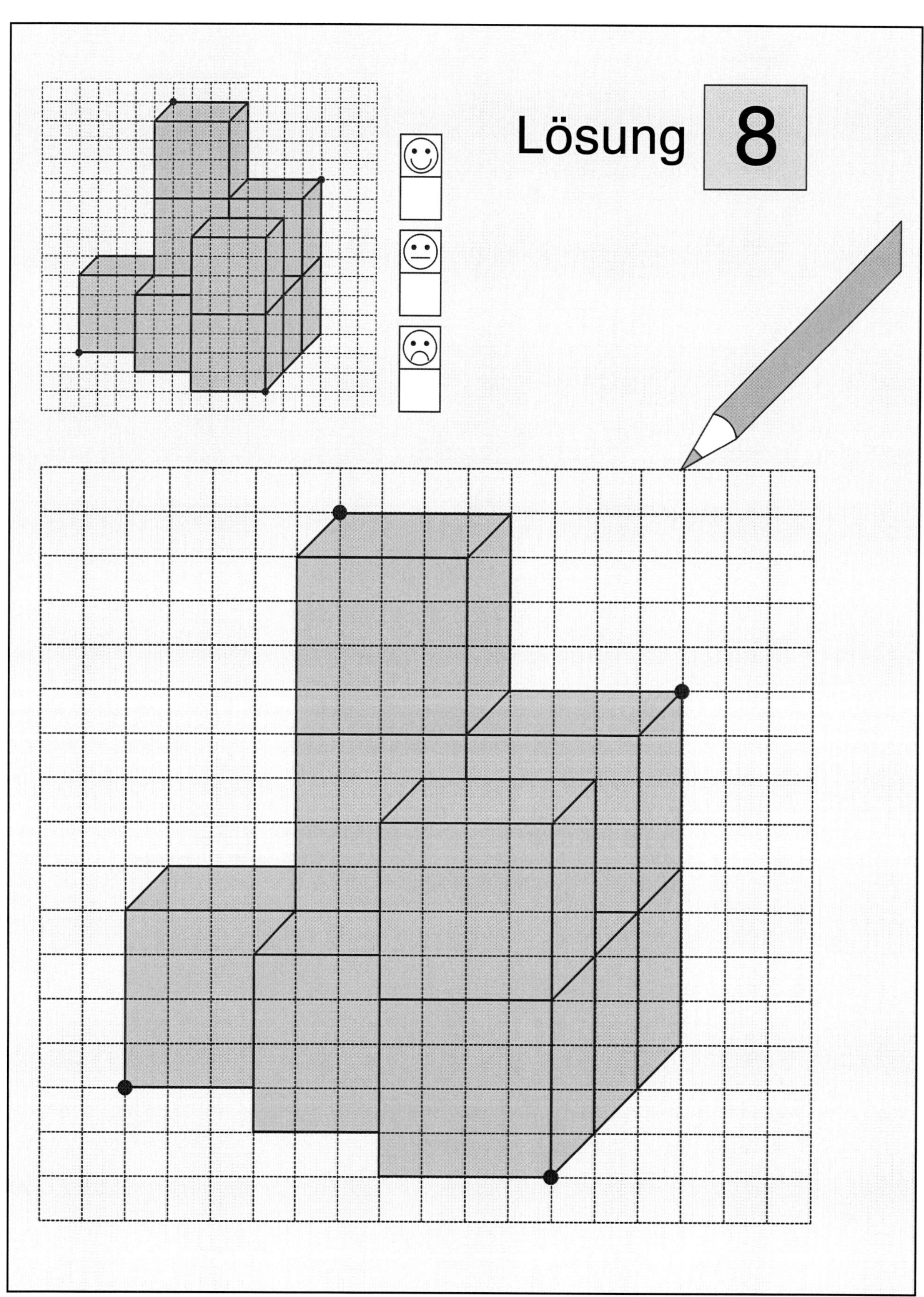

Zeichne nach!

Aufgabe: *Übertrage den Würfelturm in das untere Gitterfeld und male anschließend dein fertiges Bild farbig aus!*

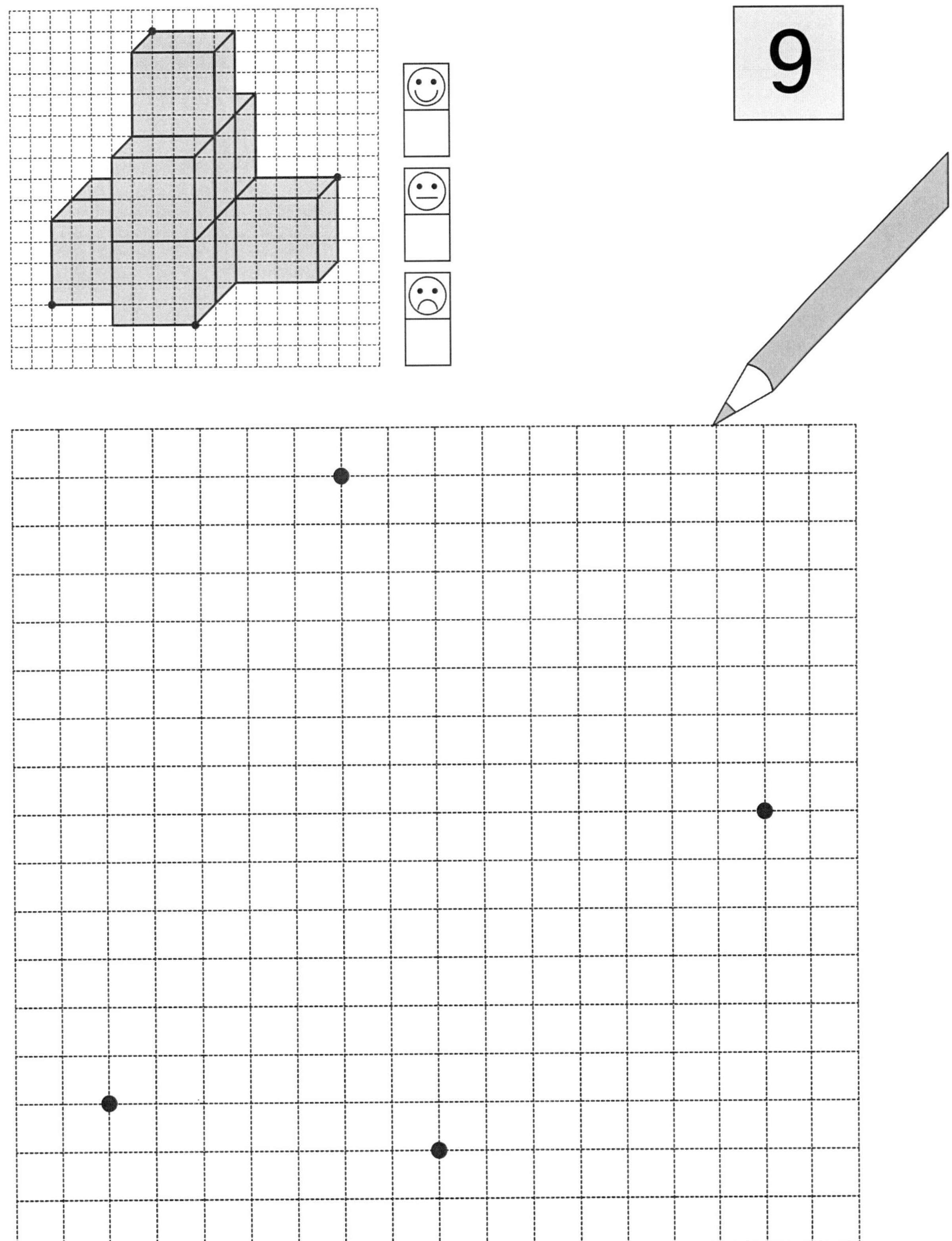

KOHL VERLAG Würfel-Geometrie Räumliche Wahrnehmung trainieren – Bestell-Nr. 12 204

Zeichne nach!

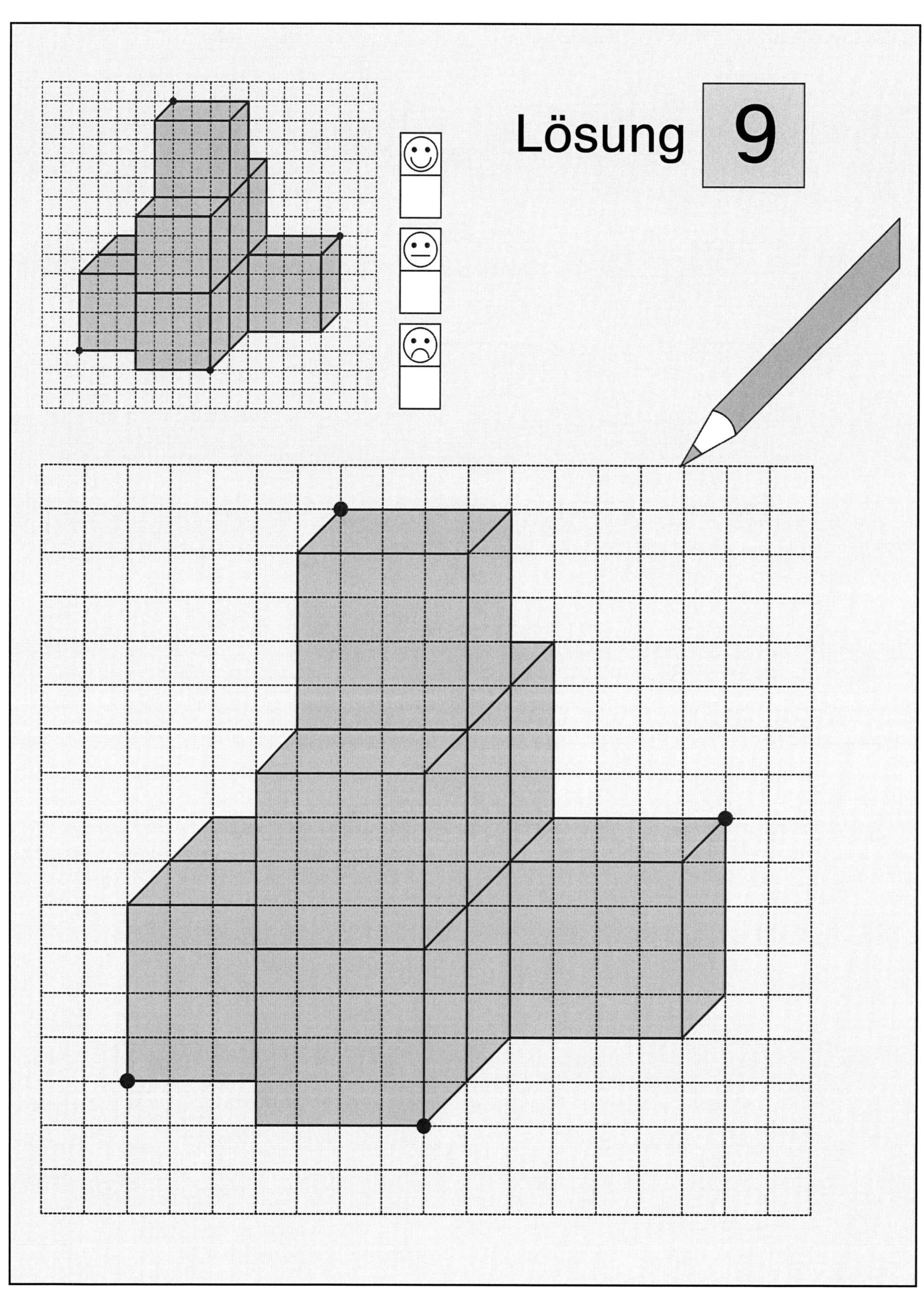

Zeichne nach!

Aufgabe: *Übertrage den Würfelturm in das untere Gitterfeld und male anschließend dein fertiges Bild farbig aus!*

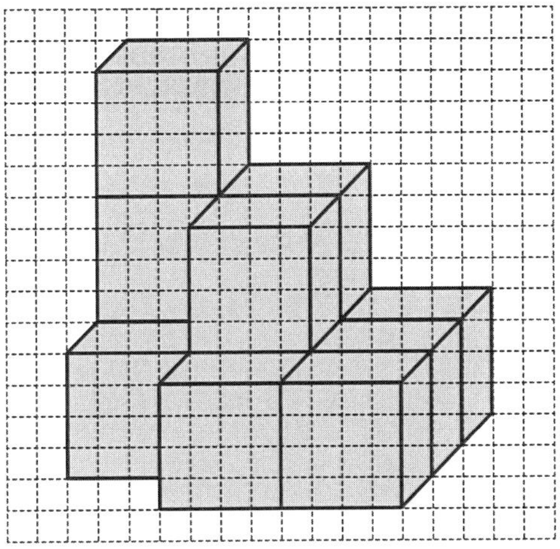

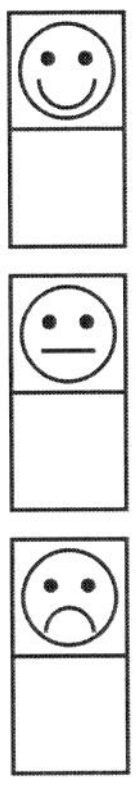

10

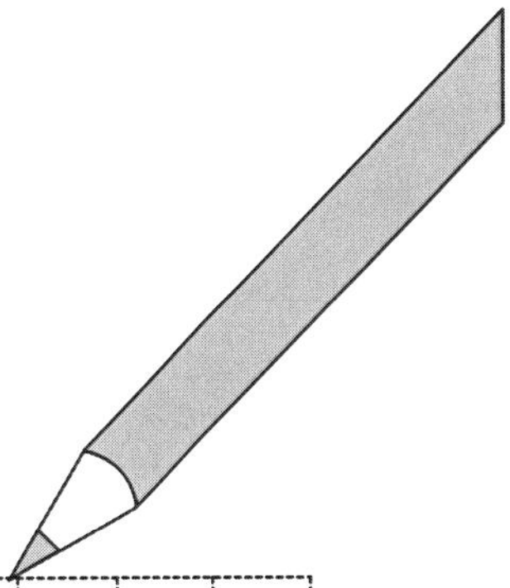

Würfel-Geometrie
Räumliche Wahrnehmung trainieren – Bestell-Nr. 12 204

Zeichne nach!

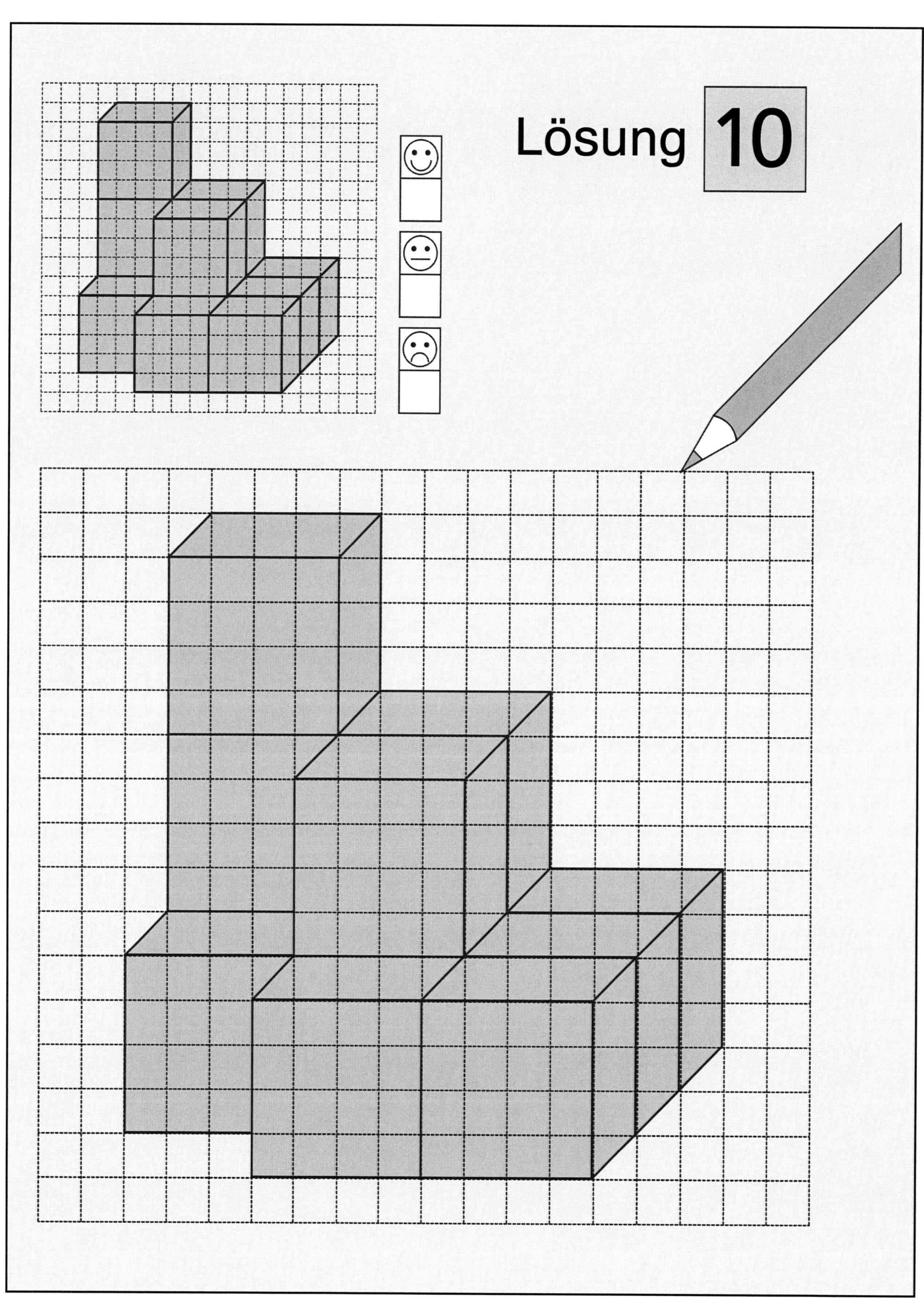

Zeichne nach!

Aufgabe: *Übertrage den Würfelturm in das untere Gitterfeld und male anschließend dein fertiges Bild farbig aus!*

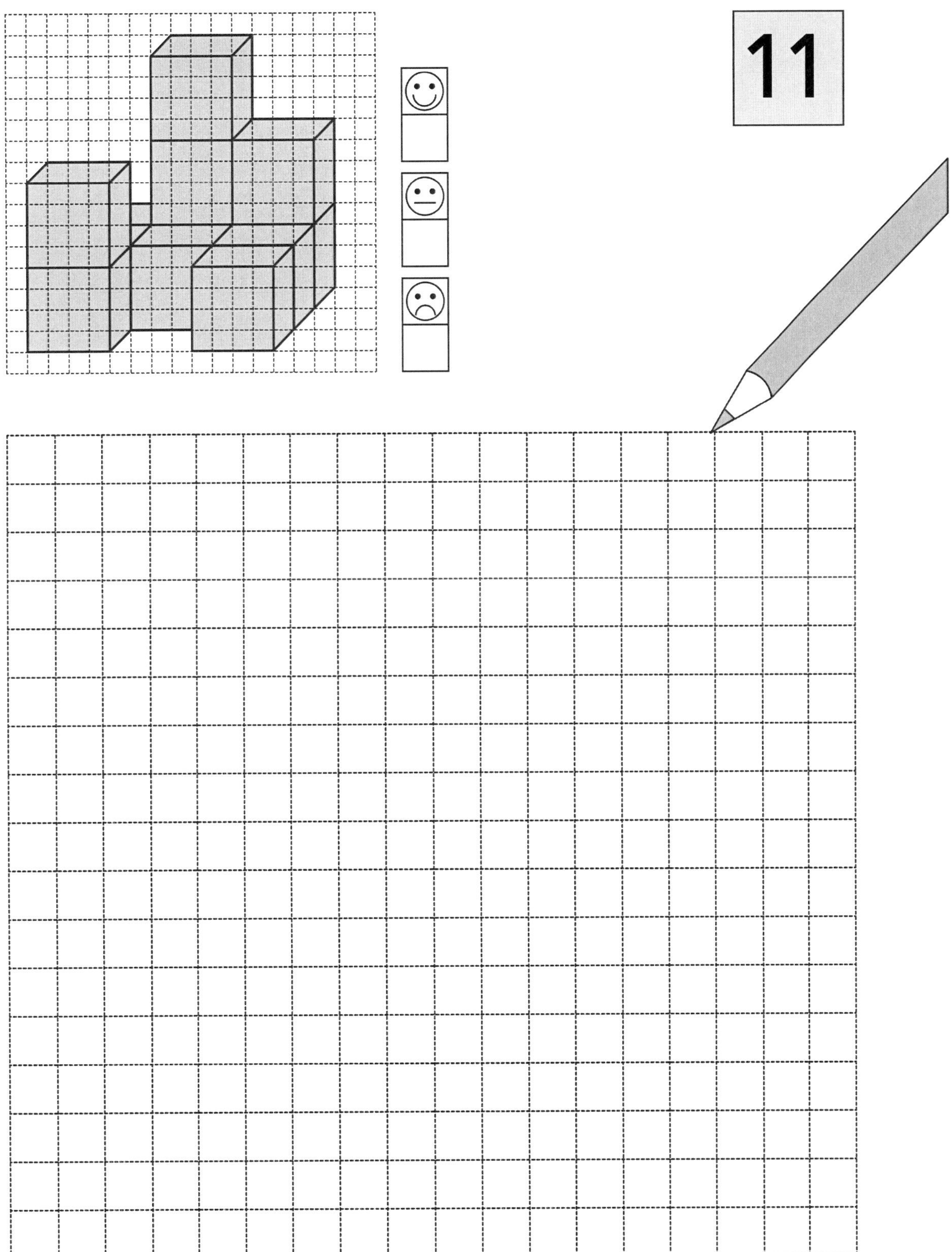

Zeichne nach!

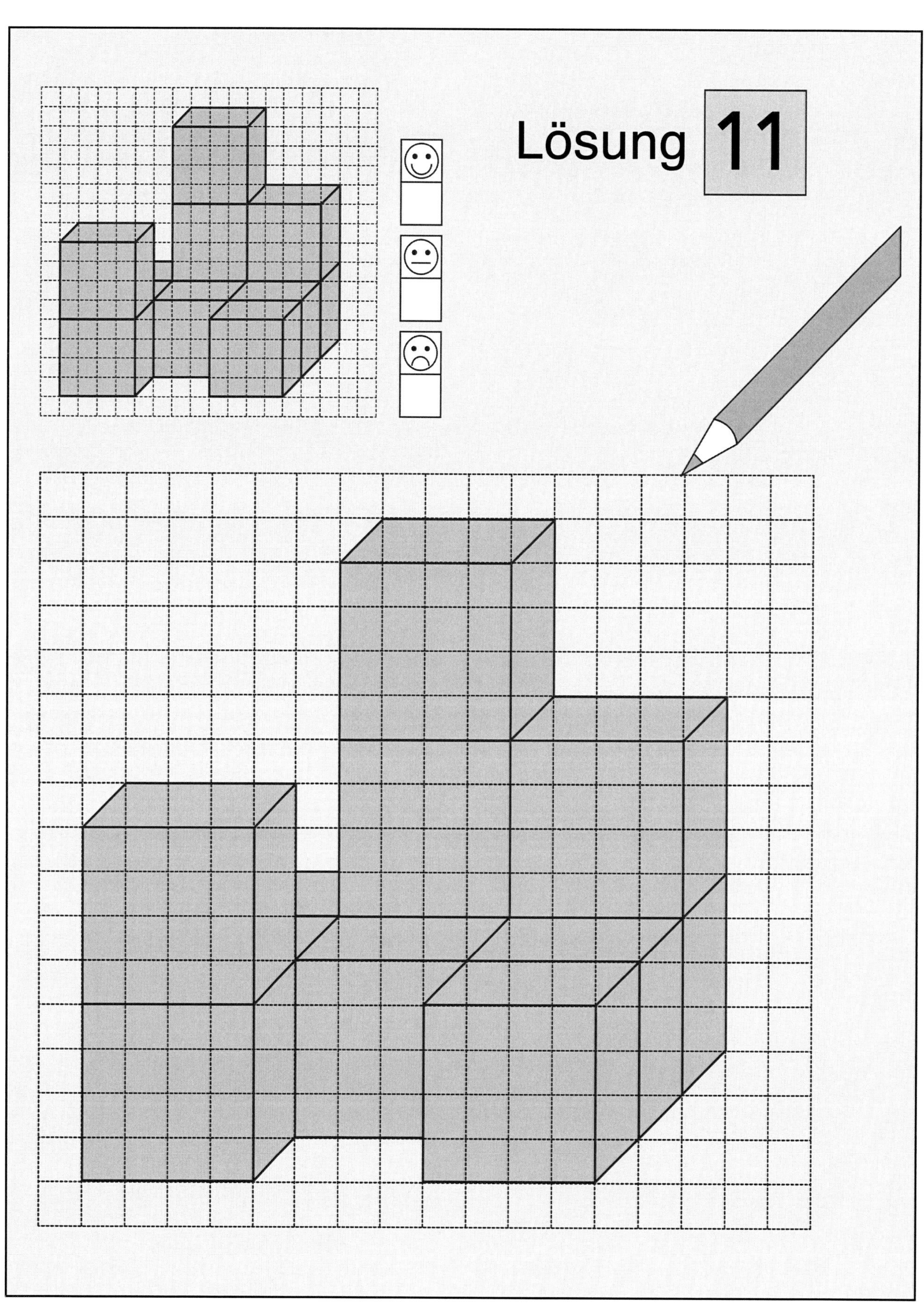

Zeichne nach!

Aufgabe: *Übertrage den Würfelturm in das untere Gitterfeld und male anschließend dein fertiges Bild farbig aus!*

12

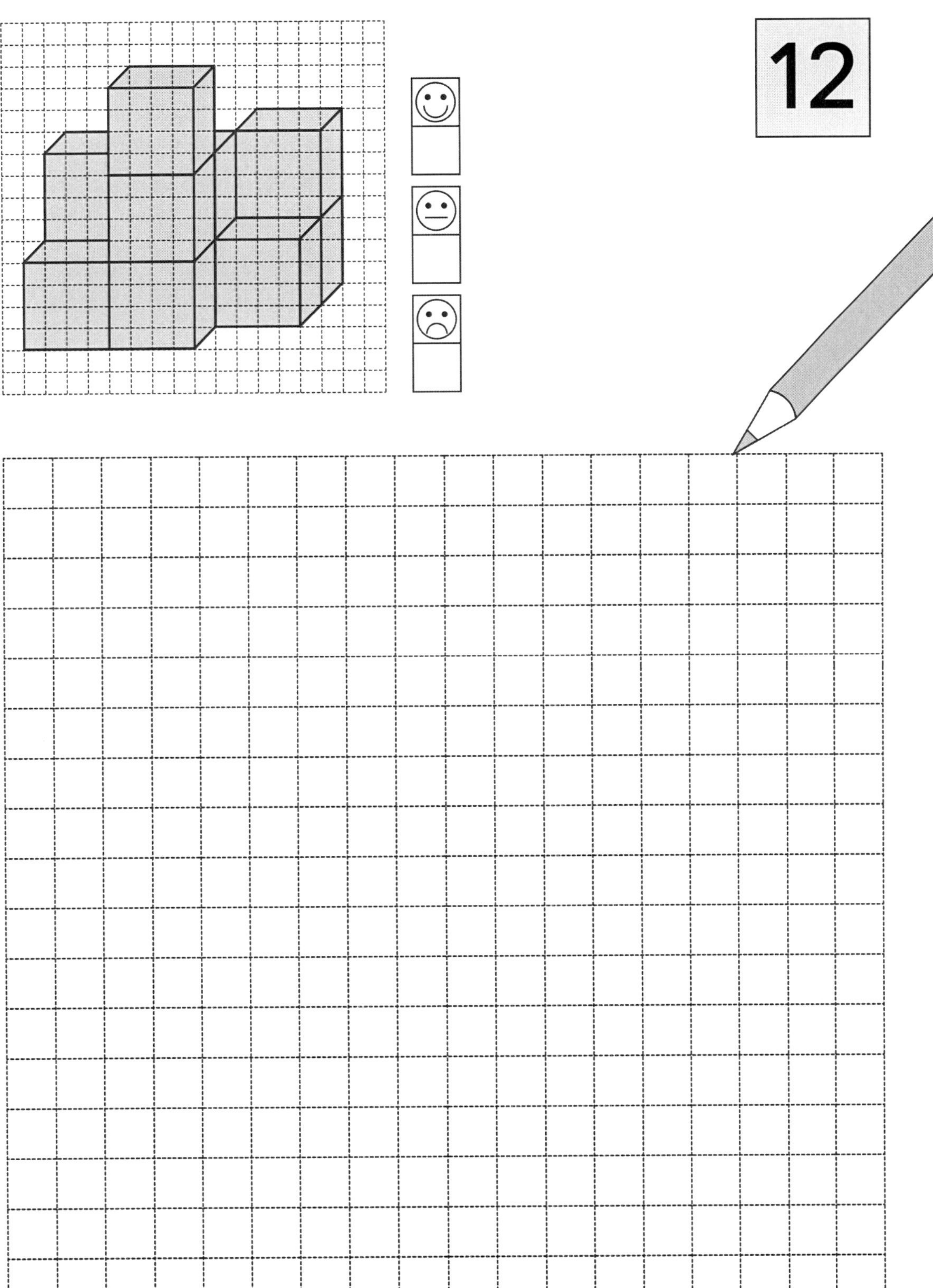

Zeichne nach!

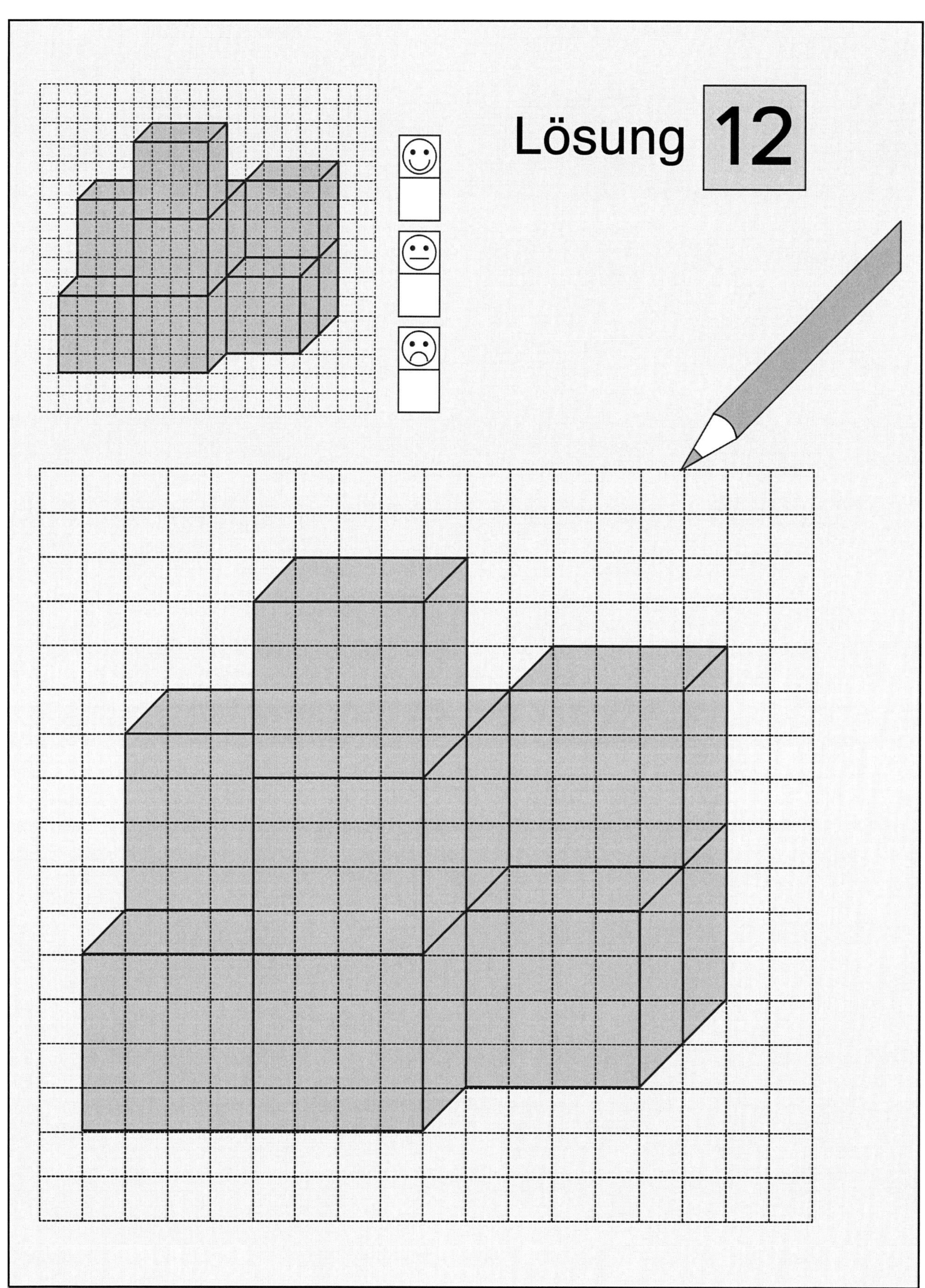

Finde das gleiche Würfelbauwerk

Aufgabe: *Schreibe die Lösungsbuchstaben rechts neben die Aufgabennummern.*

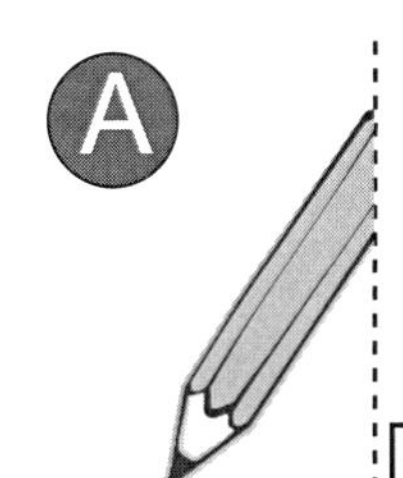

1 2 3
4 5 6
7 8 9
10 11 12

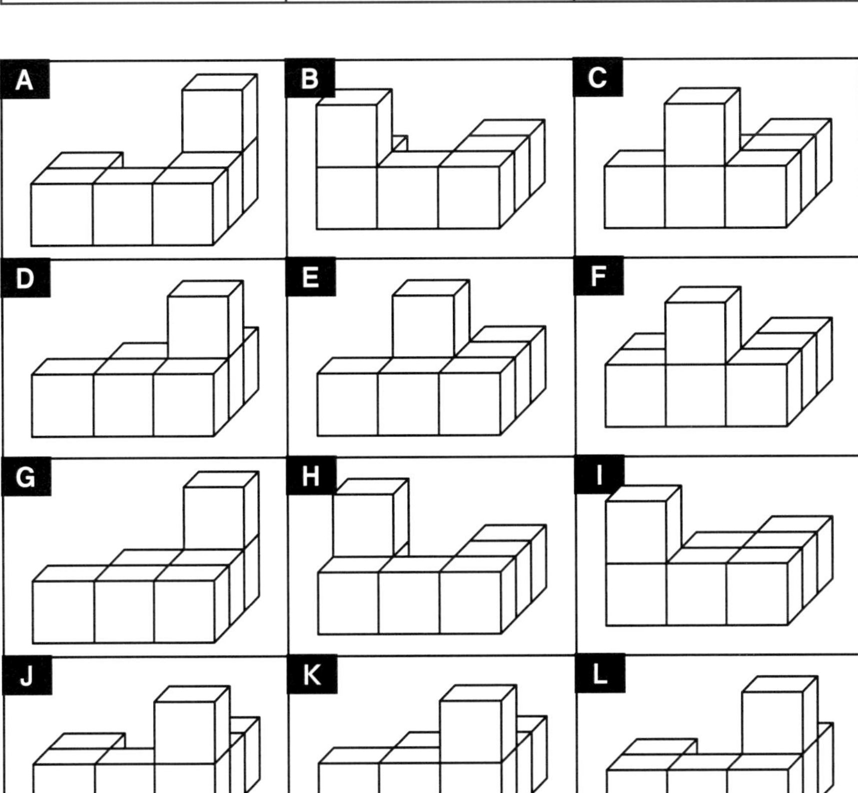

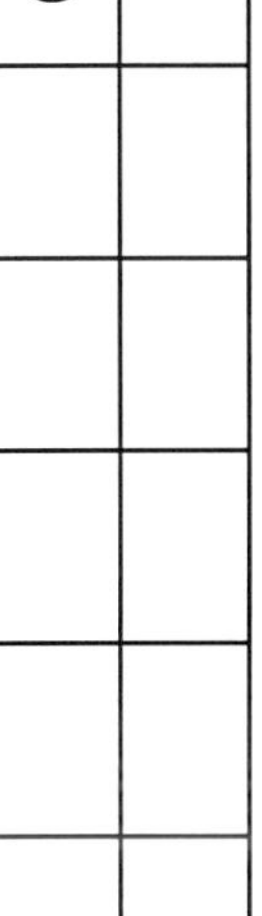

1	G
2	
3	

G
A
J
D
C
H
L
E
K
F
B
I

Vor der Bearbeitung diesen Teil nach hinten knicken oder abschneiden

Würfel-Geometrie Räumliche Wahrnehmung trainieren – Bestell-Nr. 12 204

KOHL VERLAG

Finde das gleiche Würfelbauwerk

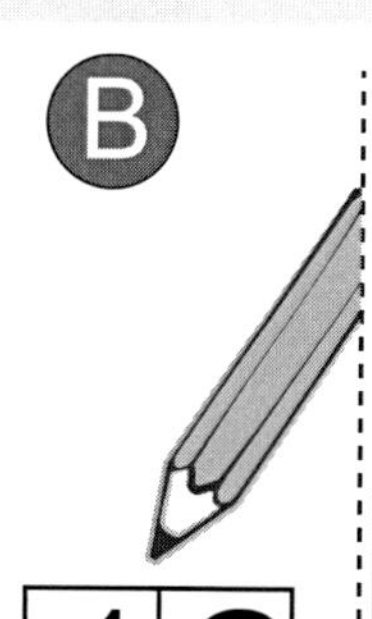

Aufgabe: *Schreibe die Lösungsbuchstaben rechts neben die Aufgabennummern.*

1, 2, 3, 4, 5, 6, 7, 8, 9, 10, 11, 12

A, B, C, D, E, F, G, H, I, J, K, L

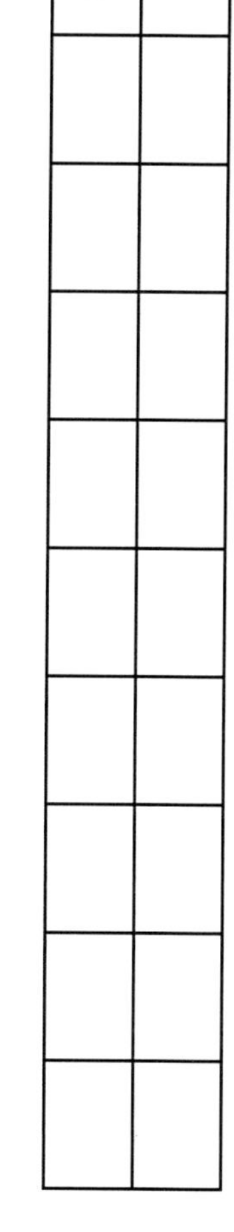

Finde das gleiche Würfelbauwerk

Aufgabe: *Male das Symbol der richtigen Lösung rechts in die Lösungsfelder.*

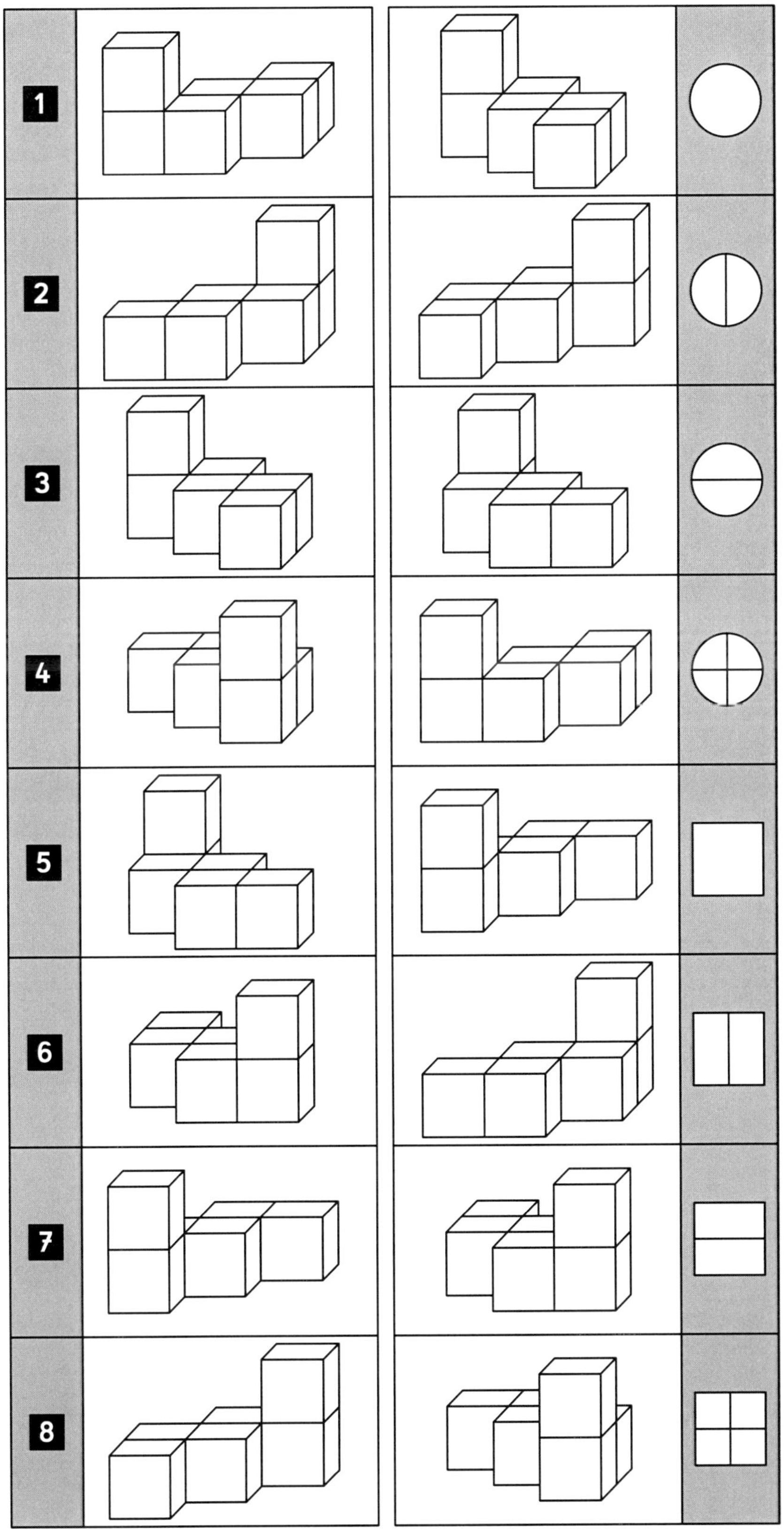

1

2

3

4

5

6

7

8

1

2

3

4

5

6

7

8

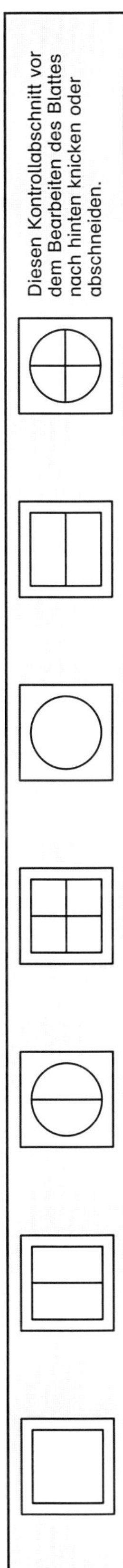

KOHL VERLAG
Würfel-Geometrie
Räumliche Wahrnehmung trainieren – Bestell-Nr. 12 204

Finde das gleiche Würfelbauwerk

Aufgabe: *Male das Symbol der richtigen Lösung rechts in die Lösungsfelder.*

B

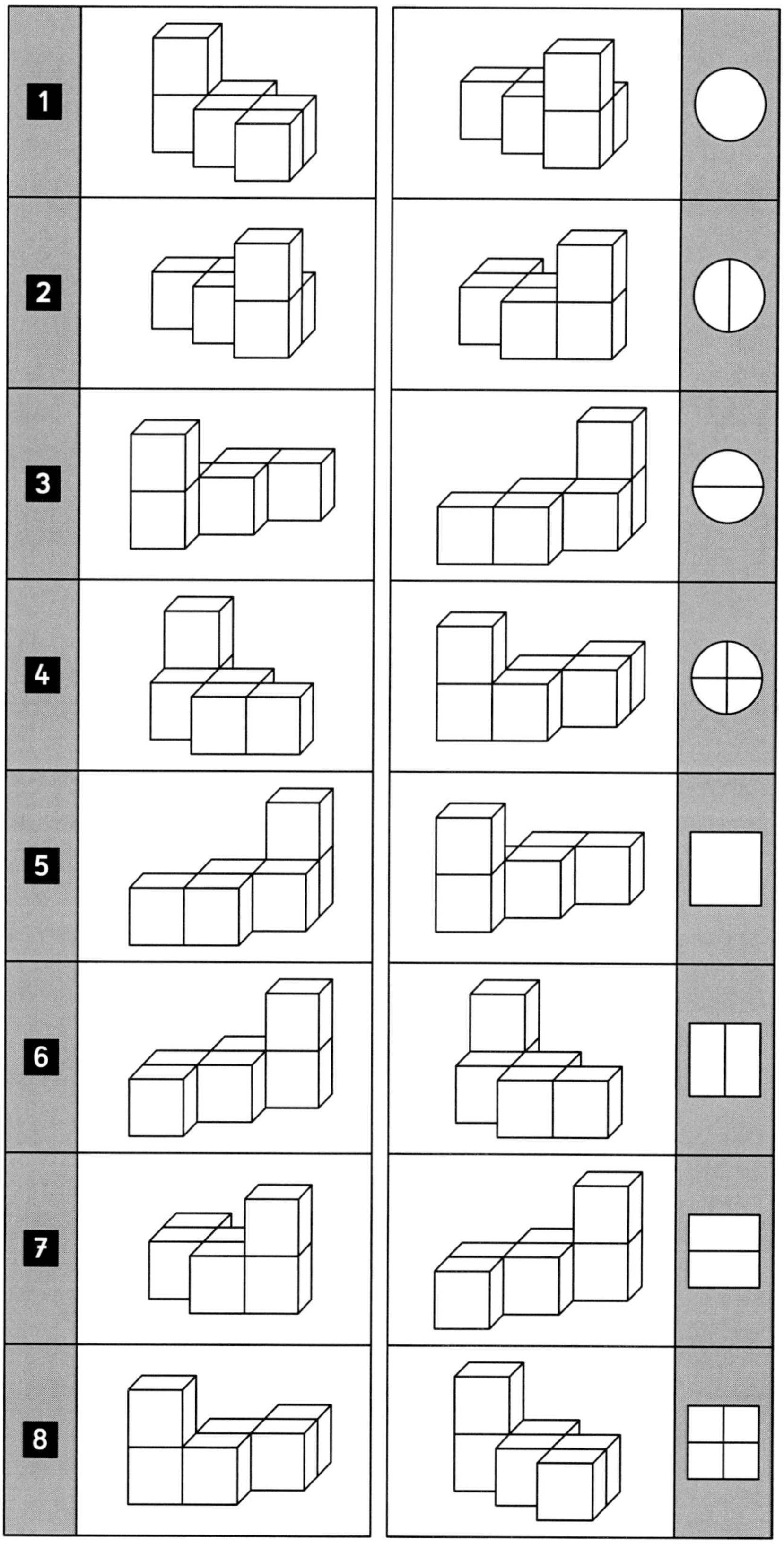

1

2

3

4

5

6

7

8

1

2

3

4

5

6

7

8

Diesen Kontrollabschnitt vor dem Bearbeiten des Blattes nach hinten knicken oder abschneiden.

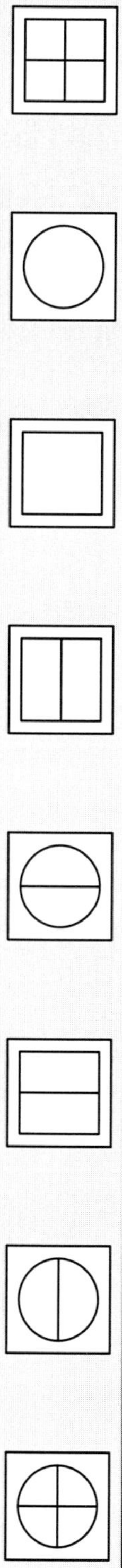

Welcher Turm passt zum Bauplan?

Aufgabe: *Male das Symbol der richtigen Lösung rechts in die Lösungsfelder.*

1

0	1	2
1	1	0
1	0	0

2

0	0	2
0	1	1
1	1	0

3

1	0	0
1	1	0
0	1	2

4

2	1	0
0	1	1
0	0	1

5

1	1	0
0	1	1
0	0	2

6

0	0	1
0	1	1
2	1	0

7

0	1	1
1	1	0
2	0	0

8

2	0	0
1	1	0
0	1	1

1 ☐

2 ☐

3 ☐

4 ☐

5 ☐

6 ☐

7 ☐

8 ☐

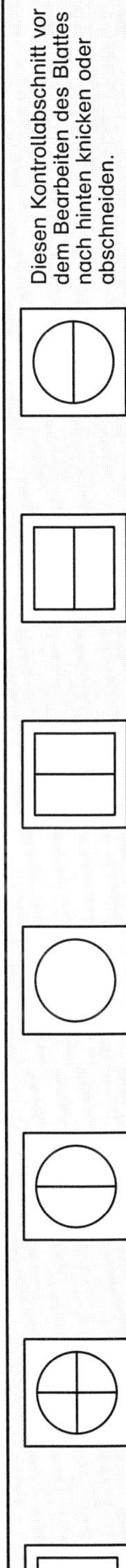

KOHL VERLAG
Würfel-Geometrie
Räumliche Wahrnehmung trainieren – Bestell-Nr. 12 204

Welcher Turm passt zum Bauplan?

Aufgabe: *Male das Symbol der richtigen Lösung rechts in die Lösungsfelder.*

1

2	1	0
0	1	1
0	0	2

2

2	0	0
2	2	0
0	1	1

3

2	0	0
1	1	0
0	1	2

4

2	2	0
0	1	1
0	0	1

5

0	0	2
0	1	2
1	1	0

6

0	0	1
0	1	2
2	1	0

7

0	2	1
1	1	0
2	0	0

8

0	2	2
1	1	0
1	0	0

1

2

3

4

5

6

7

8

Diesen Kontrollabschnitt vor dem Bearbeiten des Blattes nach hinten knicken oder abschneiden.

Gesucht: das Gegenstück!

Aufgabe: *Aus zwei Würfelobjekten soll jeweils ein Quader zusammengesetzt werden. Finde die richtige Zuordnung!*

A

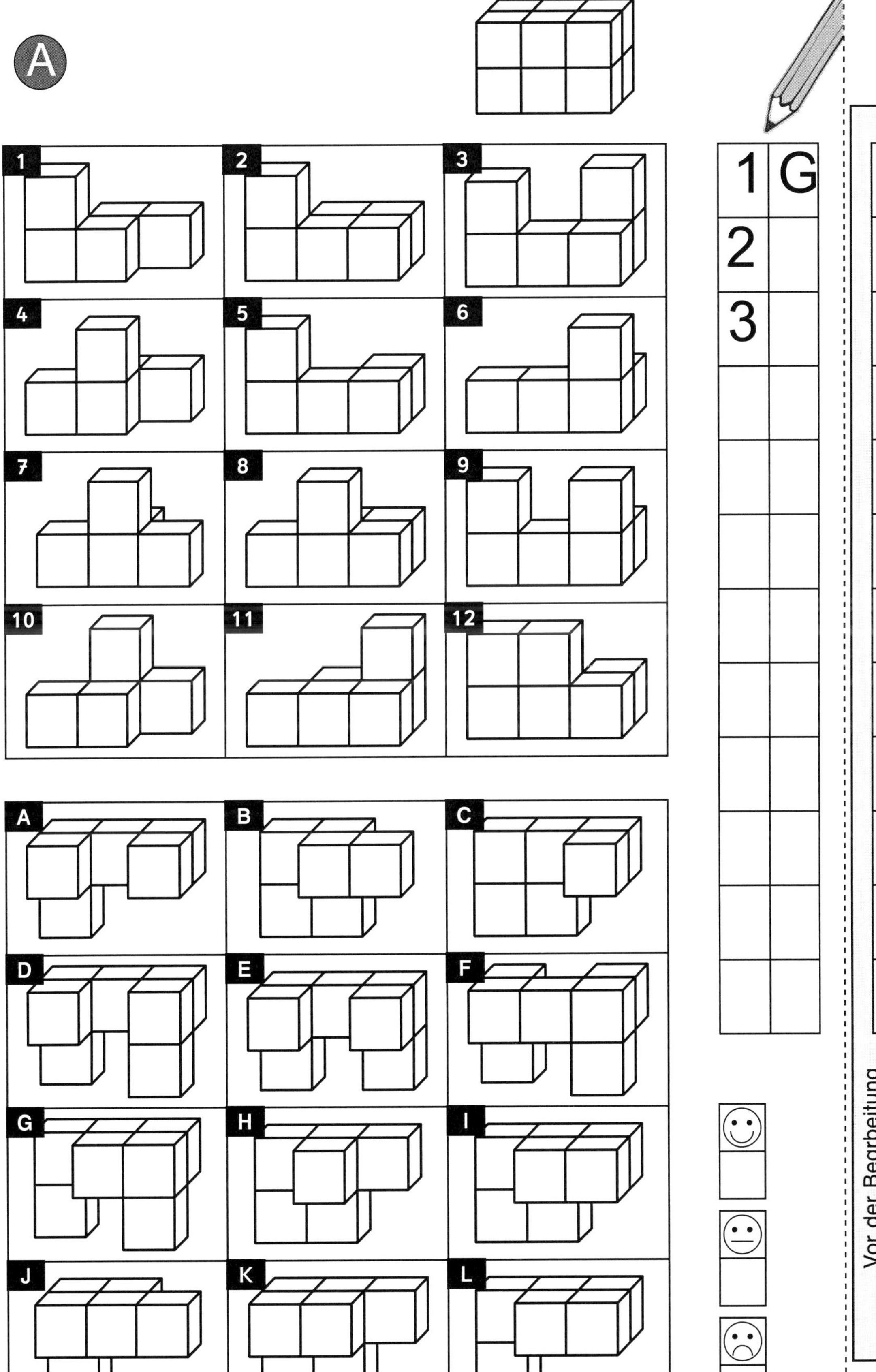

1	G
2	
3	

G
L
B
D
I
K
E
A
H
F
J
C

Vor der Bearbeitung diesen Teil nach hinten knicken oder abschneiden

Gesucht: das Gegenstück!

Aufgabe: *Aus zwei Würfelobjekten soll jeweils ein Quader zusammengesetzt werden. Finde die richtige Zuordnung!*

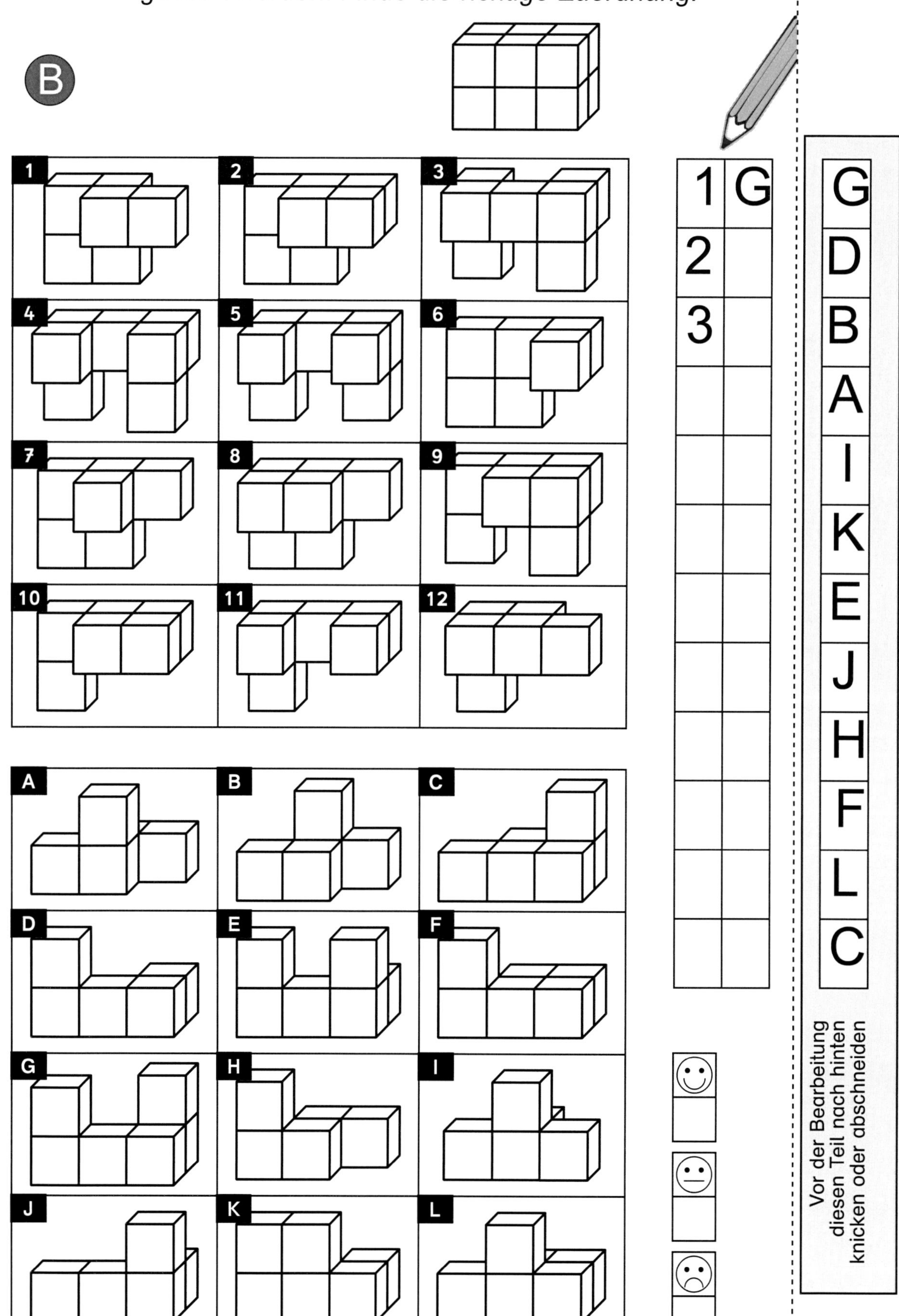

Finde den gespiegelten Würfelturm

Aufgabe: *Male das Symbol der richtigen Lösung rechts in die Lösungsfelder.*

A

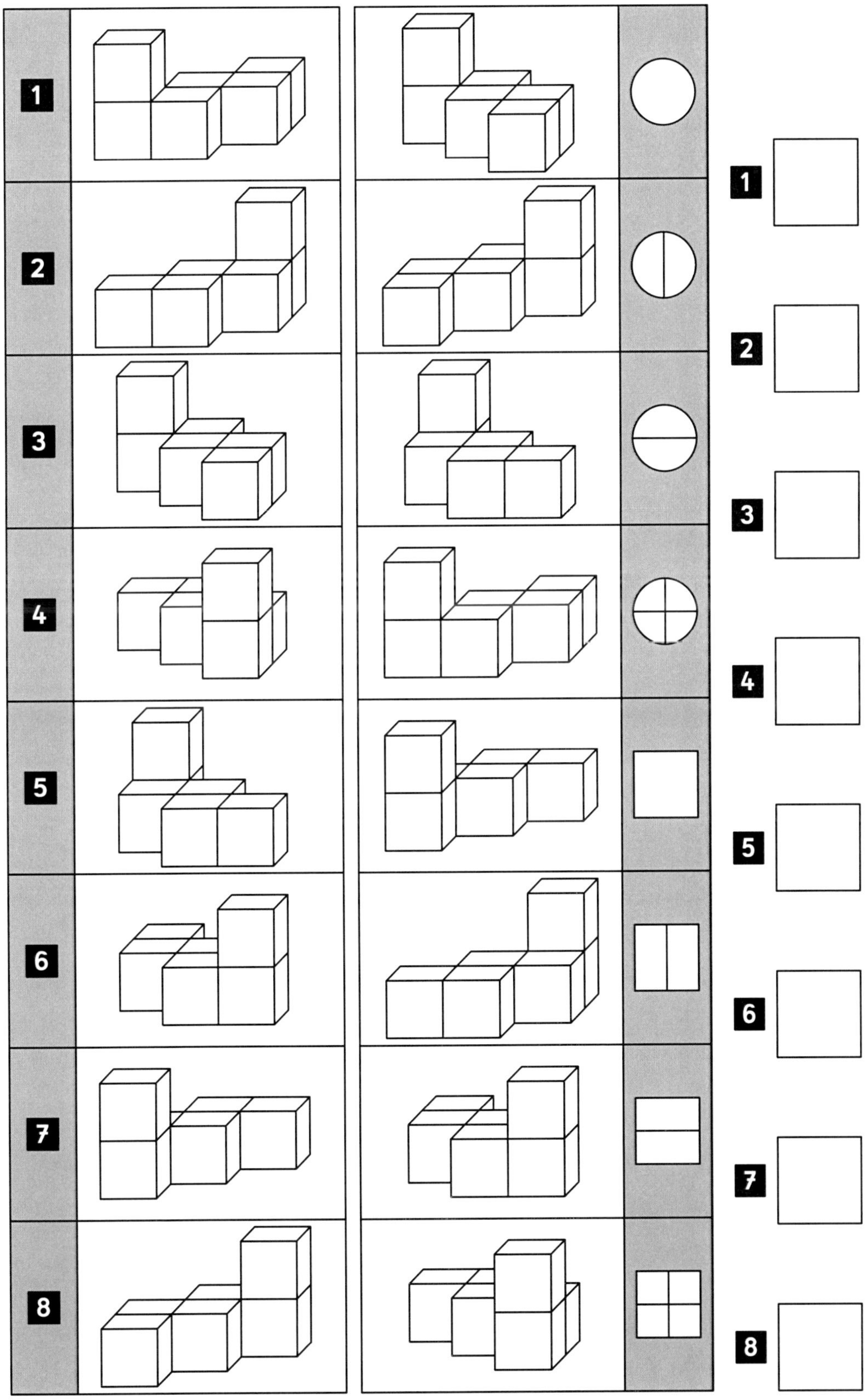
1
2
3
4
5
6
7
8
1
2
3
4
5
6
7
8

Diesen Kontrollabschnitt vor dem Bearbeiten des Blattes nach hinten knicken oder abschneiden.

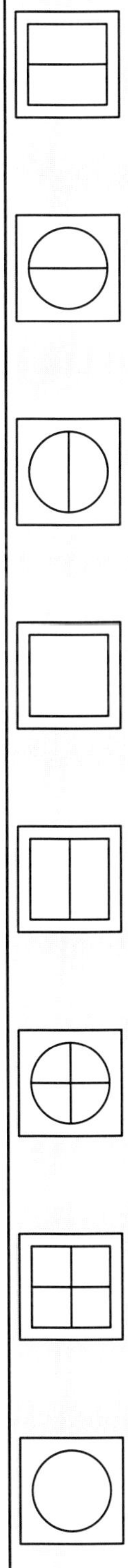

Würfel-Geometrie
Räumliche Wahrnehmung trainieren – Bestell-Nr. 12 204
KOHL VERLAG

Finde den gespiegelten Würfelturm

B

Aufgabe: *Male das Symbol der richtigen Lösung rechts in die Lösungsfelder.*

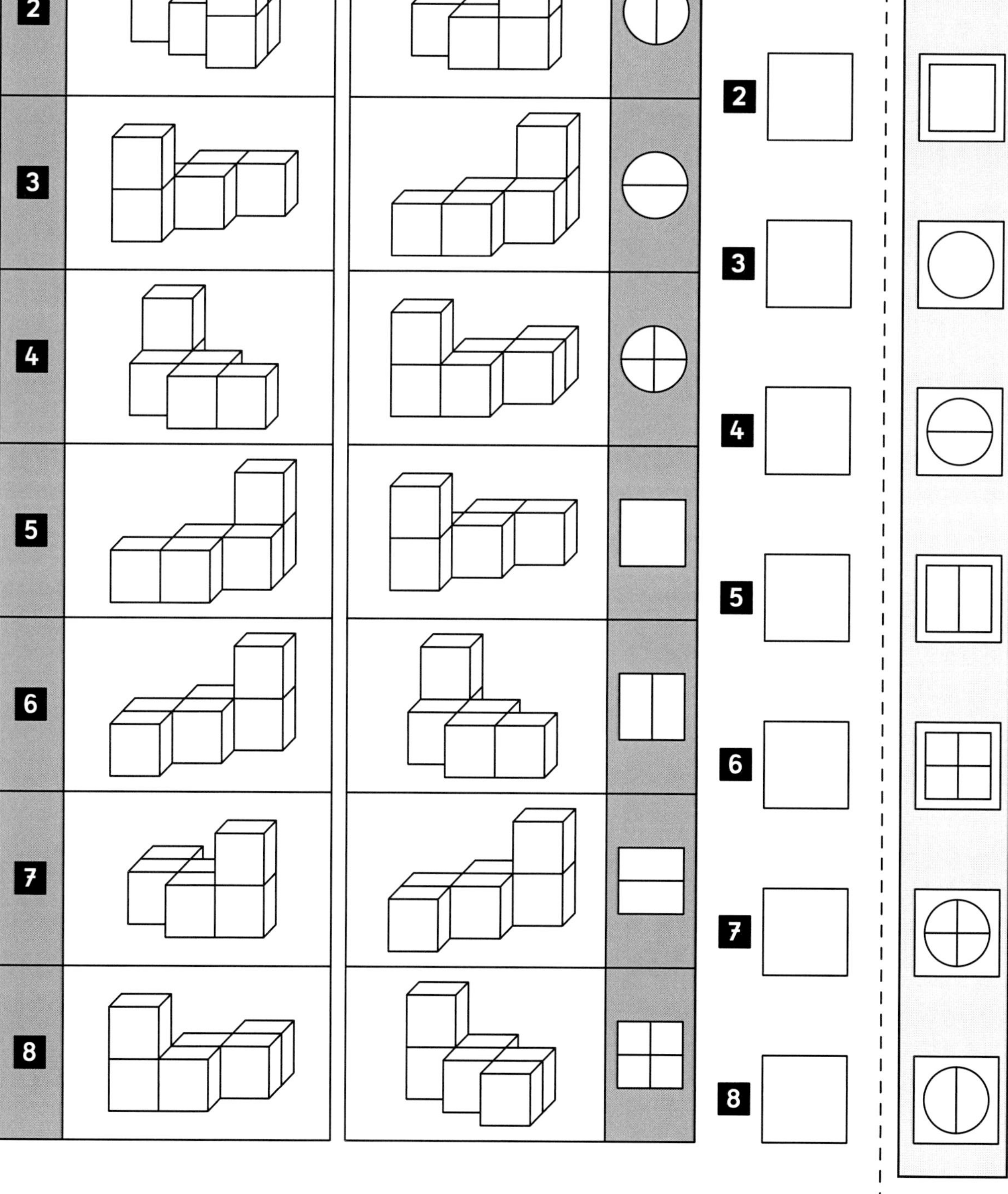

Zeichne die Seitenansichten

Ansicht von oben

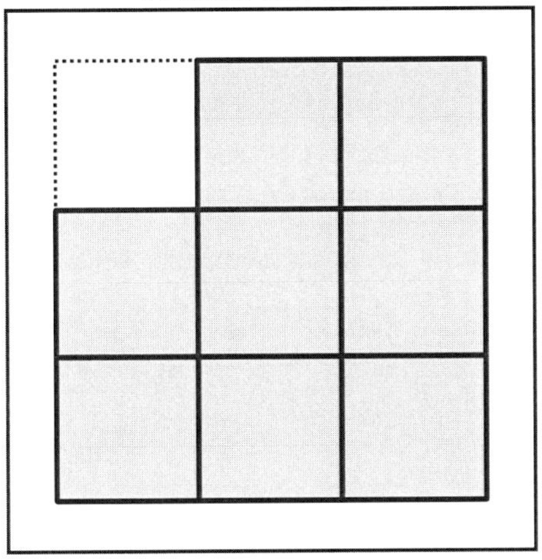

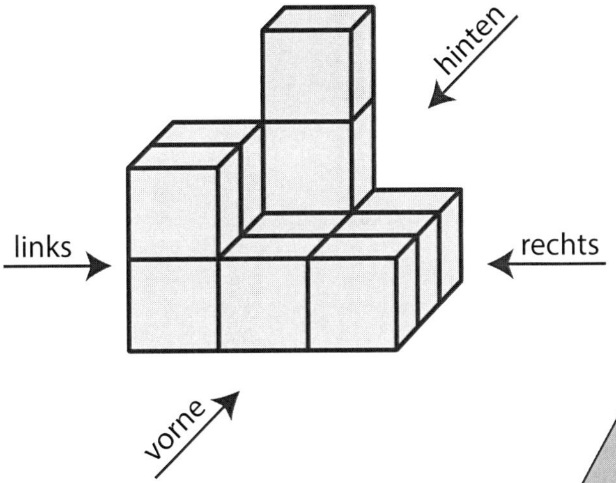

hinten

links

rechts

vorne

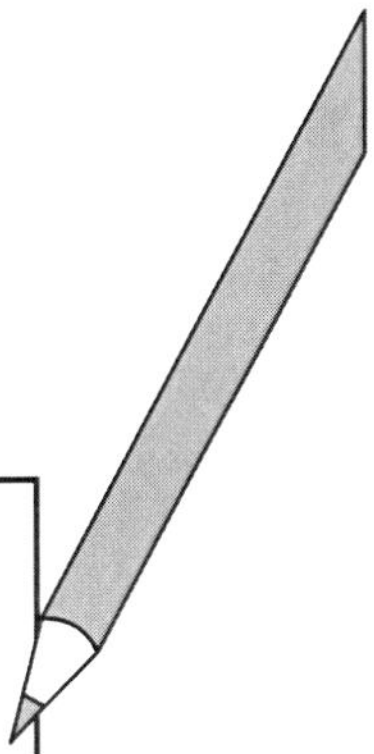

Ansicht von vorne

Ansicht von hinten

1

Ansicht von links

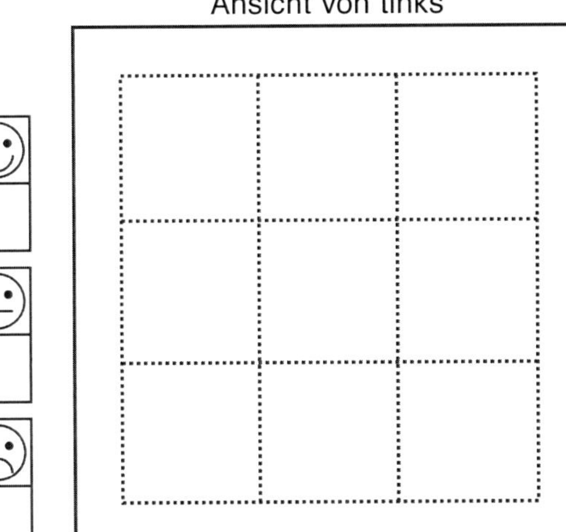

Ansicht von rechts

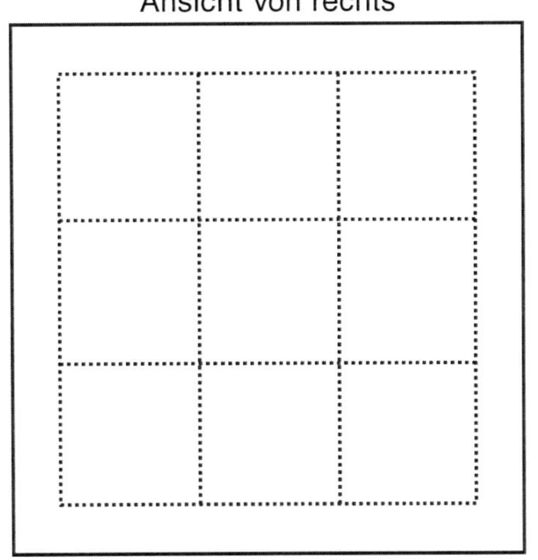

Würfel-Geometrie
Räumliche Wahrnehmung trainieren – Bestell-Nr. 12 204
KOHL VERLAG

Zeichne die Seitenansichten

Lösung

1

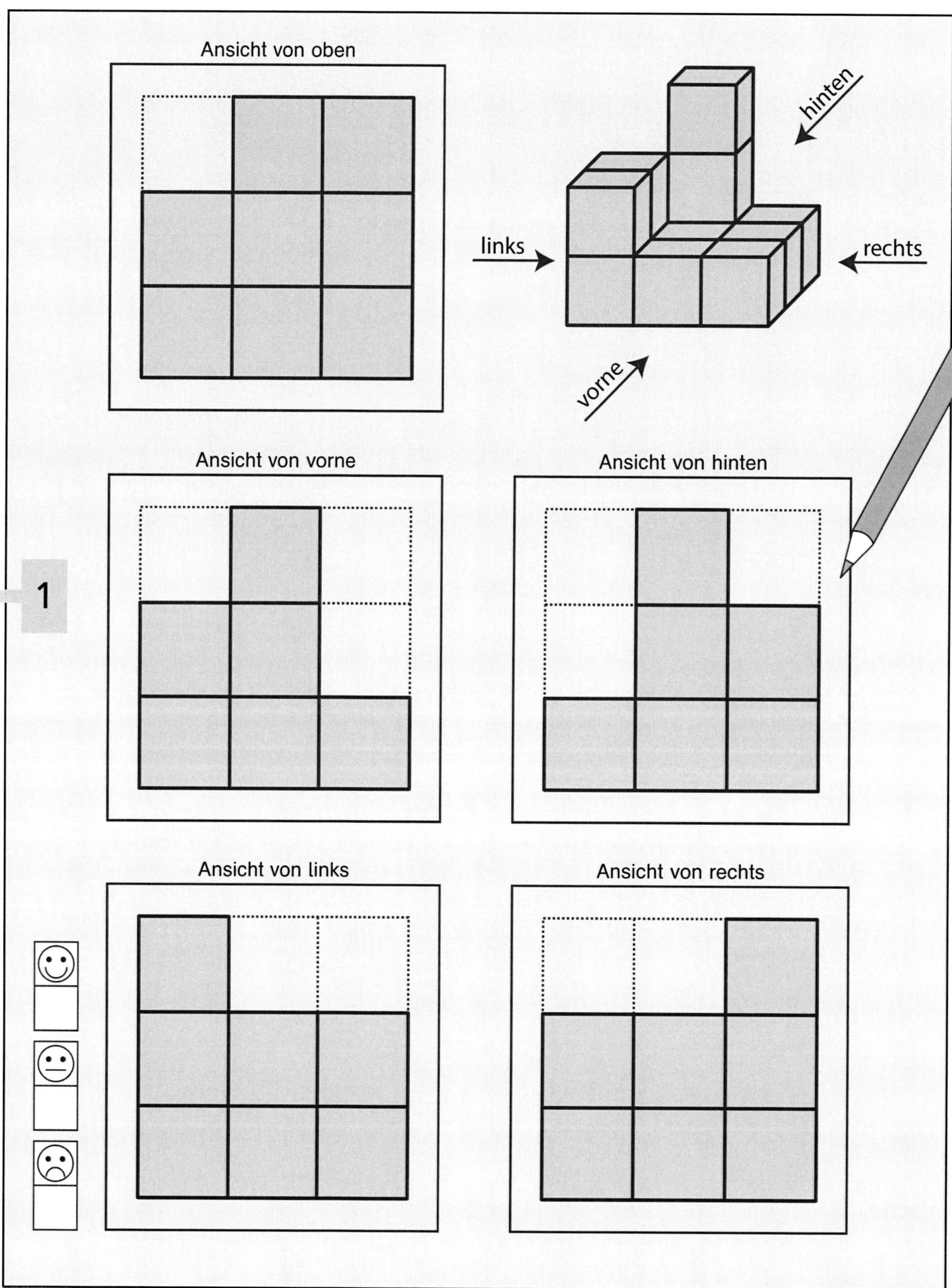

Zeichne die Seitenansichten

Ansicht von oben

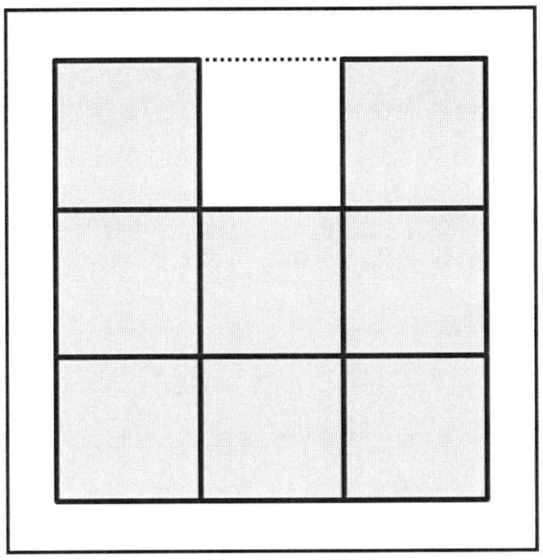

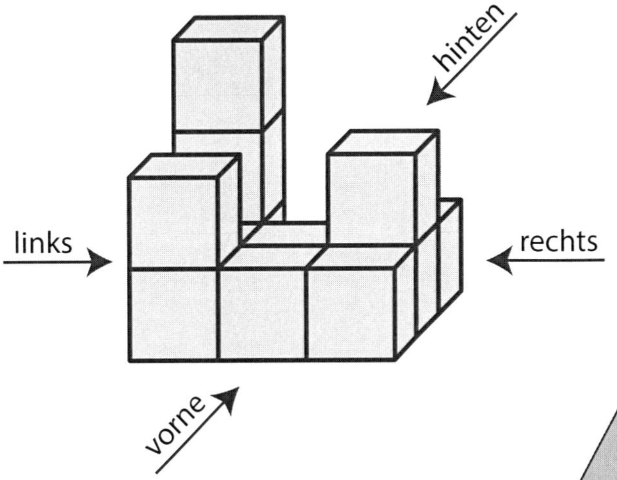

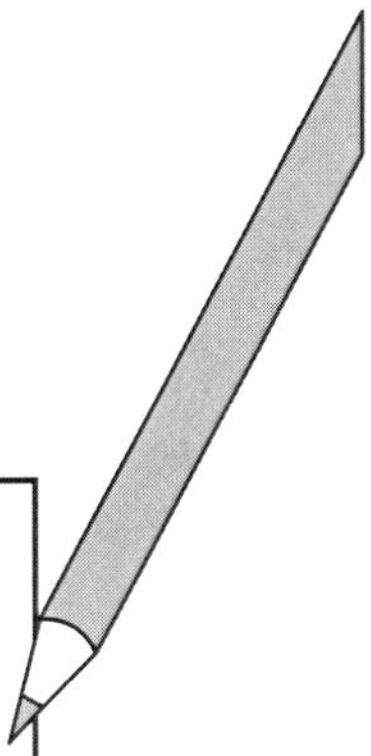

links

rechts

hinten

vorne

Ansicht von vorne

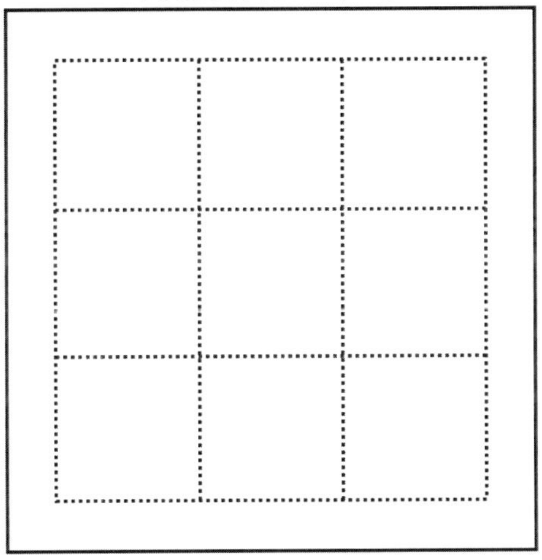

Ansicht von hinten

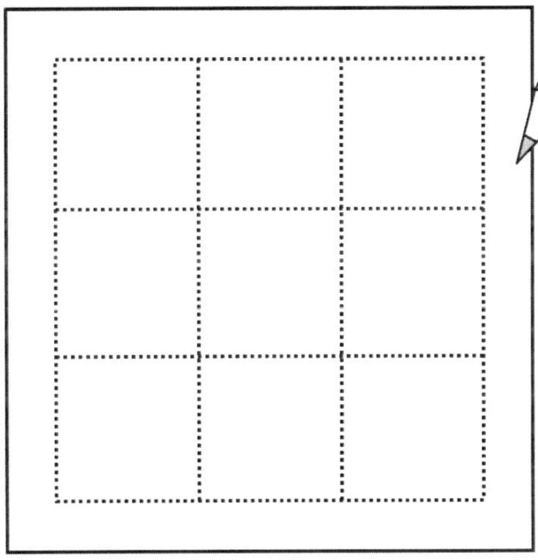

2

Ansicht von links

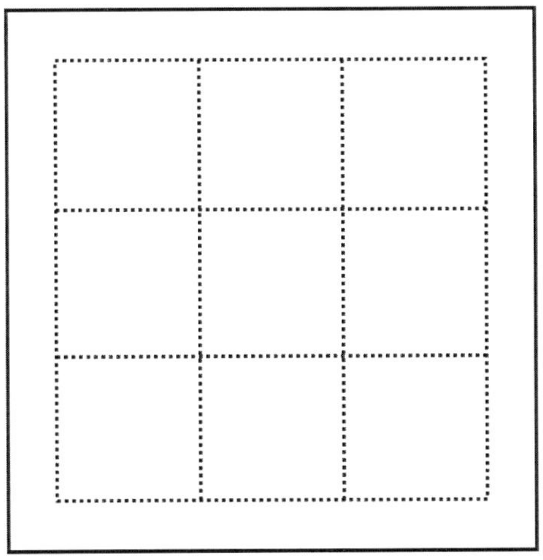

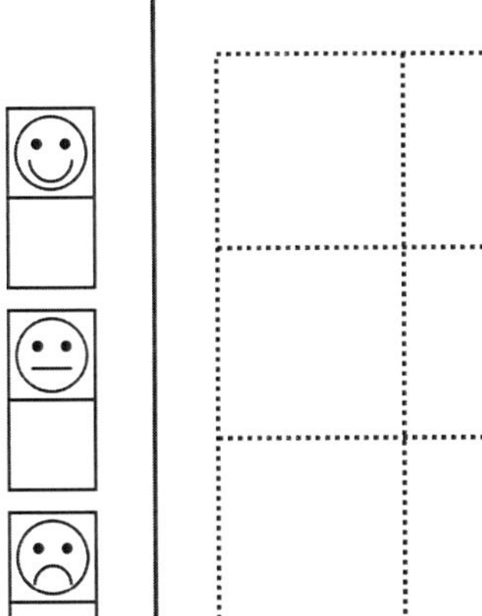

Ansicht von rechts

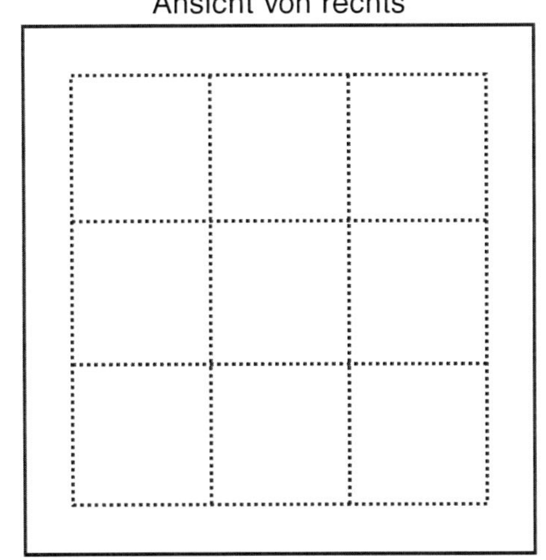

Würfel-Geometrie
Räumliche Wahrnehmung trainieren – Bestell-Nr. 12 204
KOHL VERLAG

Zeichne die Seitenansichten

Lösung

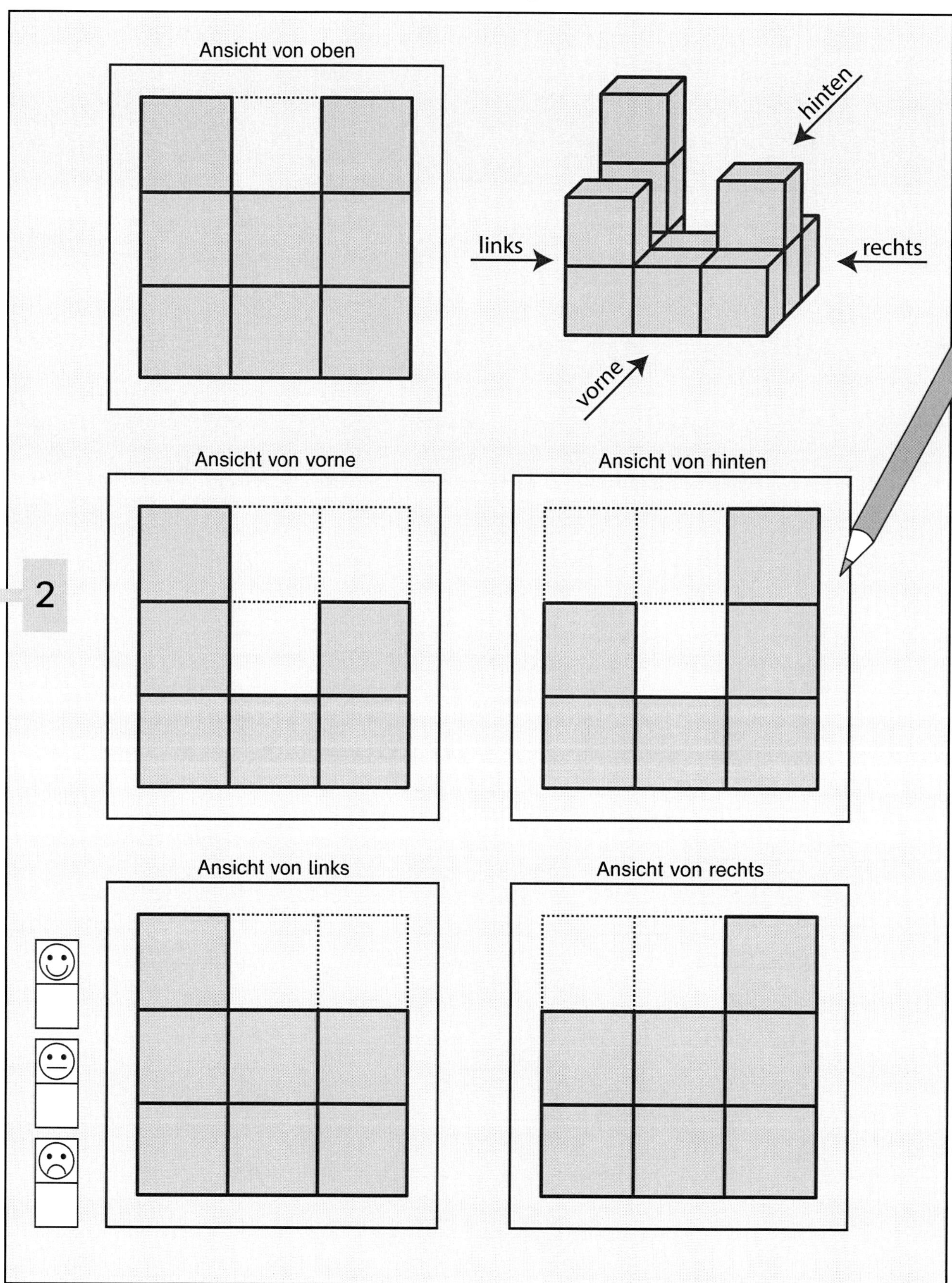

Zeichne die Seitenansichten

Ansicht von oben

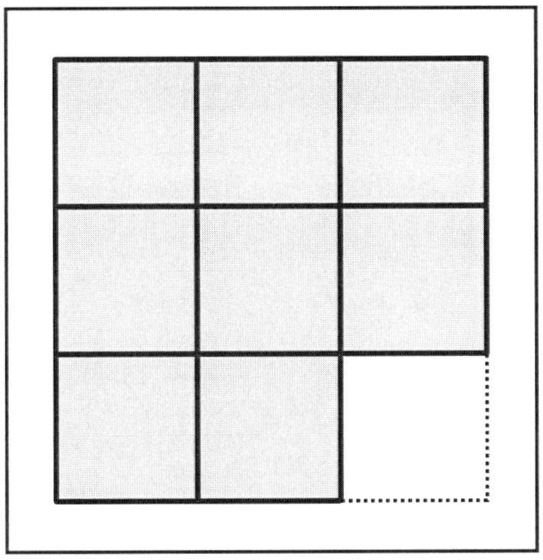

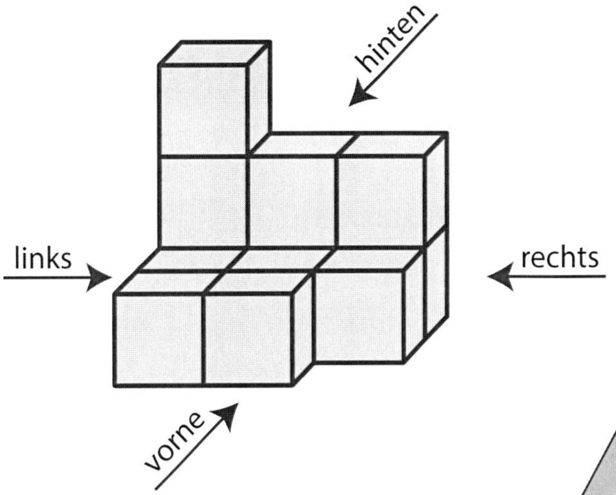

links

rechts

hinten

vorne

Ansicht von vorne

Ansicht von hinten

3

Ansicht von links

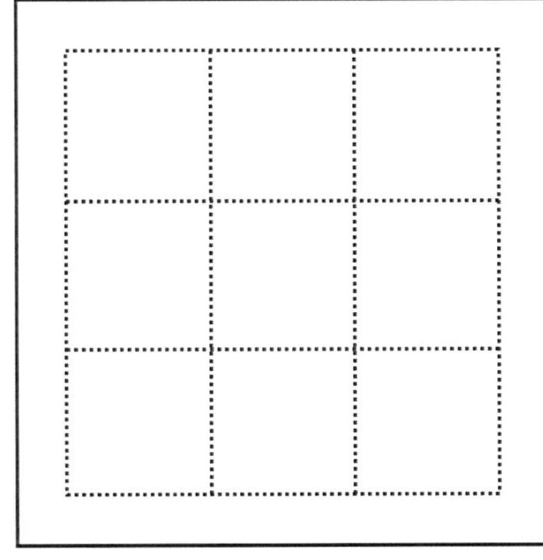

Ansicht von rechts

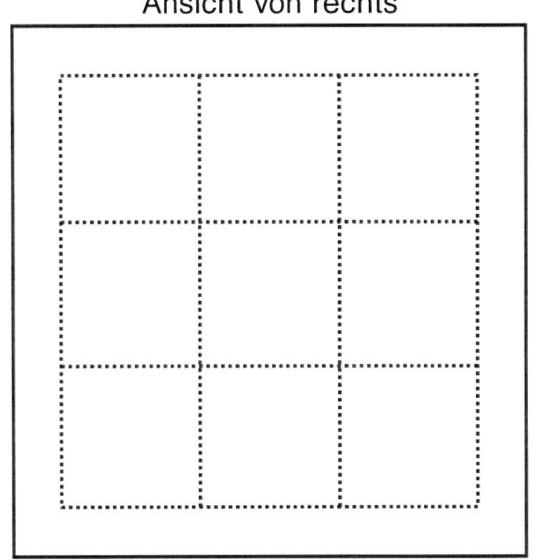

Würfel-Geometrie
Räumliche Wahrnehmung trainieren – Bestell-Nr. 12 204
KOHL VERLAG

Zeichne die Seitenansichten

Lösung

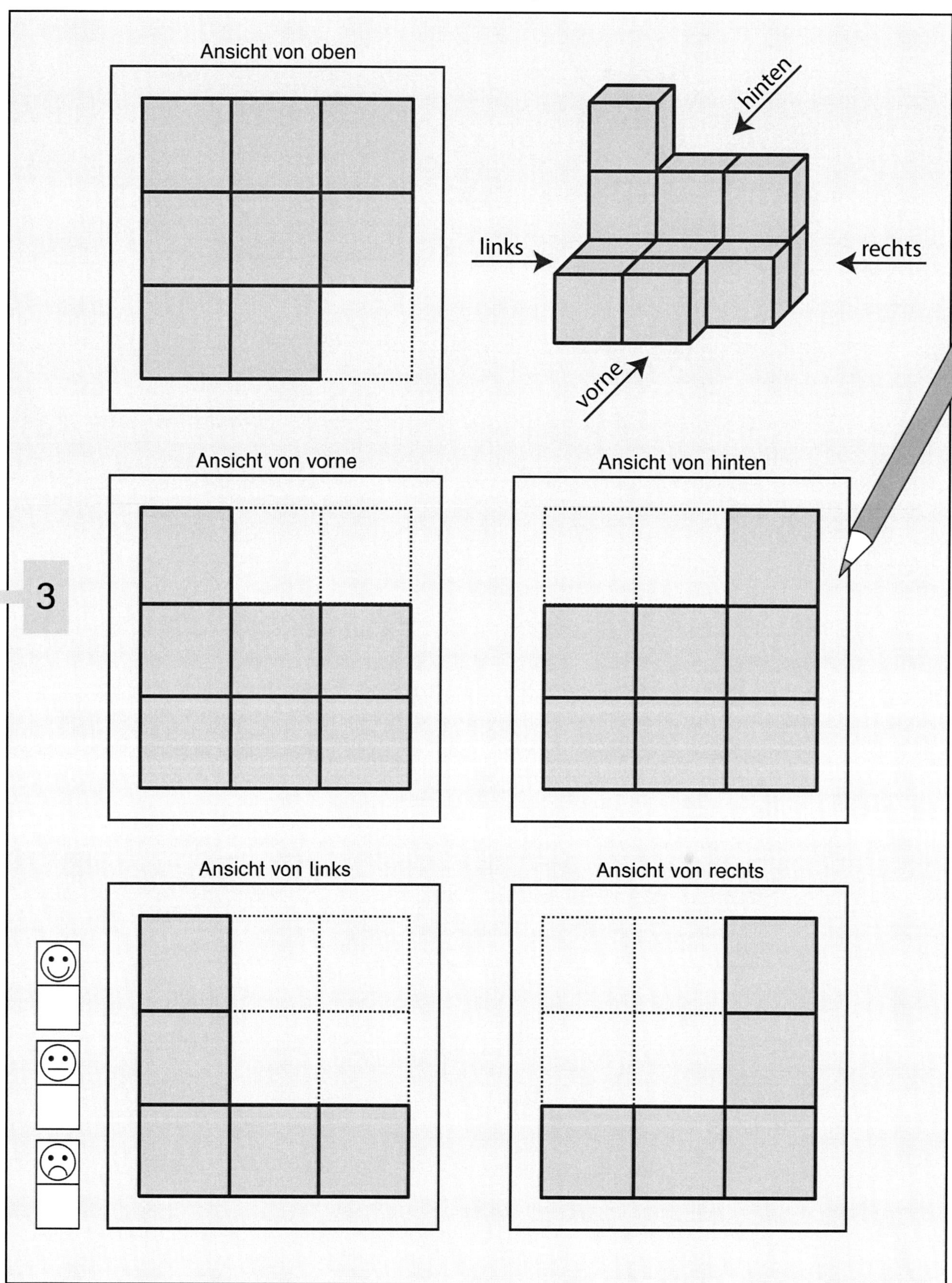

Zeichne die Seitenansichten

Ansicht von oben

hinten

links

rechts

vorne

Ansicht von vorne

Ansicht von hinten

4

Ansicht von links

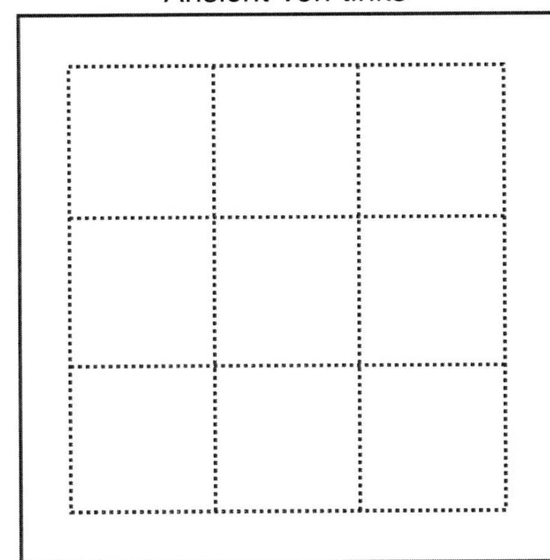

Ansicht von rechts

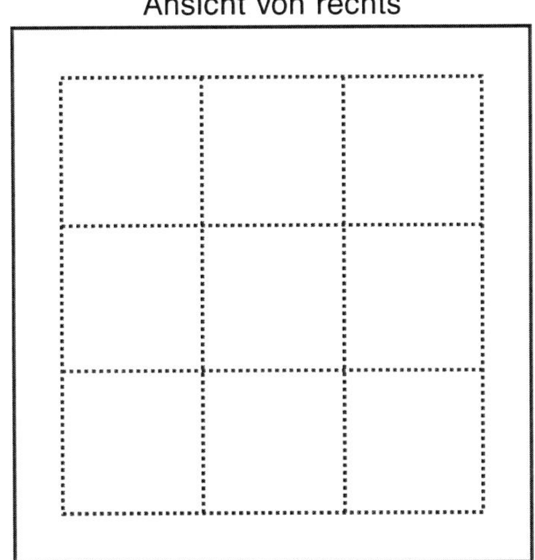

Würfel-Geometrie
Räumliche Wahrnehmung trainieren – Bestell-Nr. 12 204

KOHL VERLAG

Zeichne die Seitenansichten

Lösung

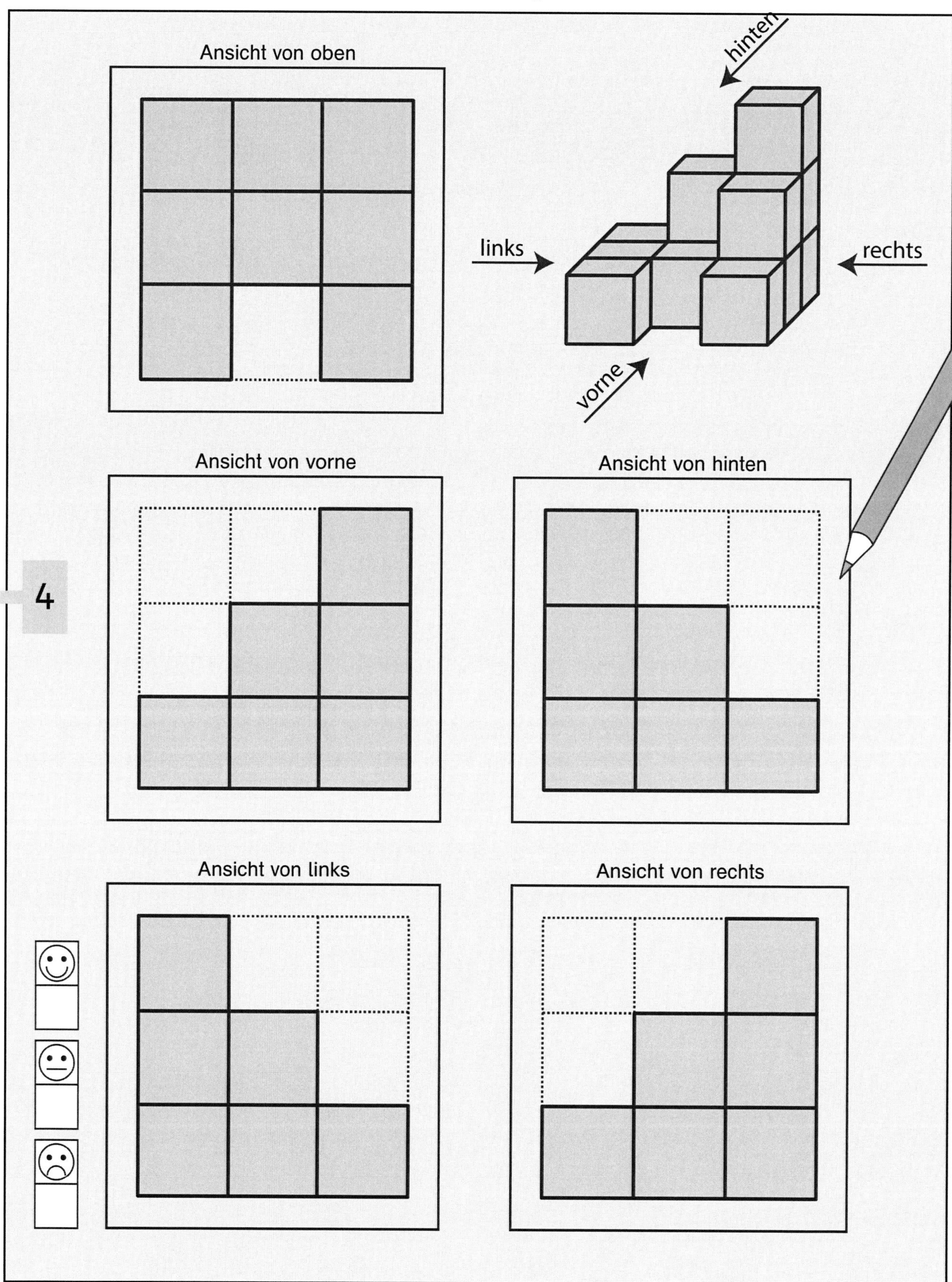

Welcher Würfelturm wurde jeweils gedreht?

Aufgabe: *Aus den Kennbuchstaben der richtigen Antworten kannst du ein Lösungswort zusammenpuzzeln.*

1

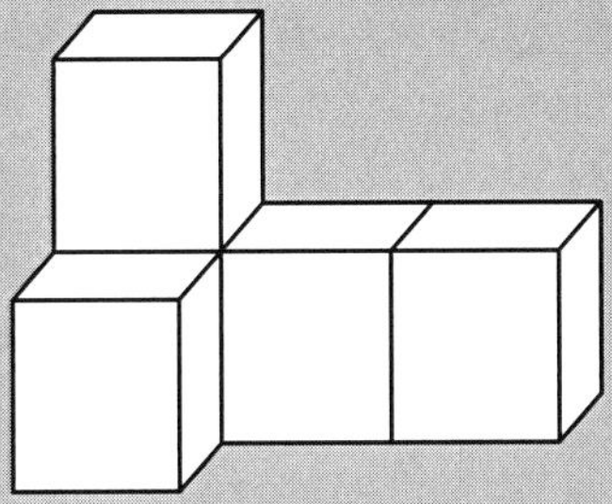

2

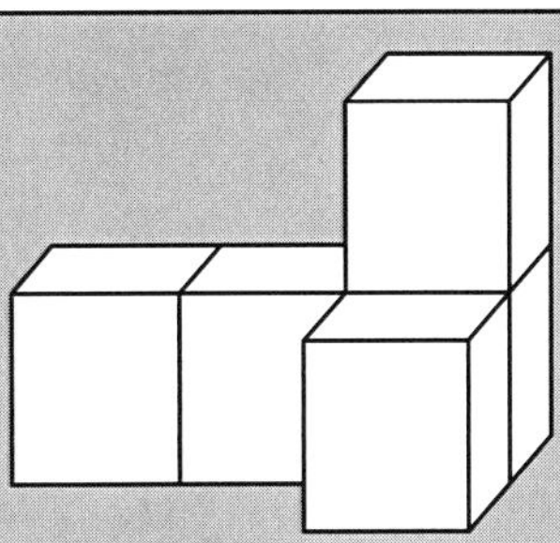

A
1 S 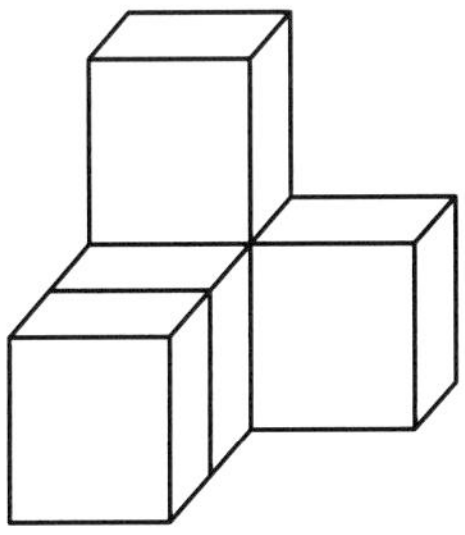
2 M

B 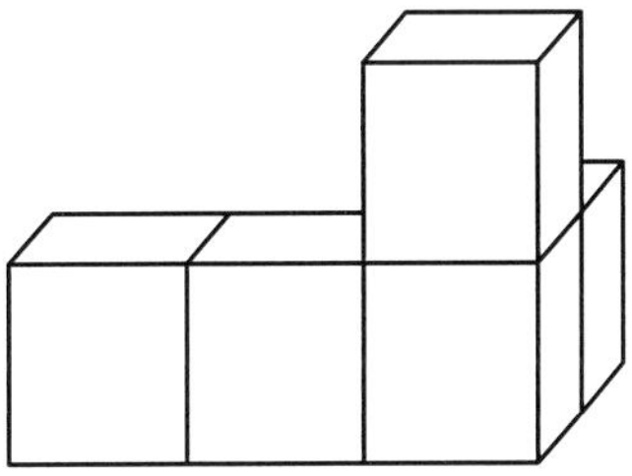
1 W
2 T

C 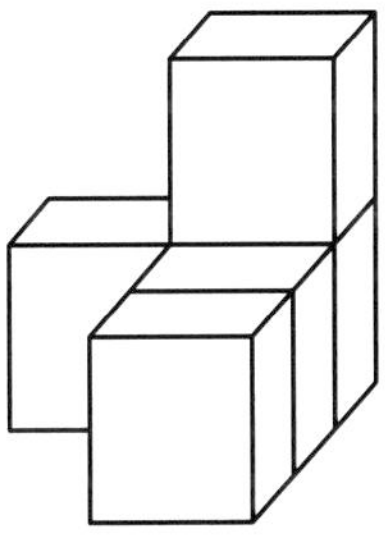
1 R
2 K

D 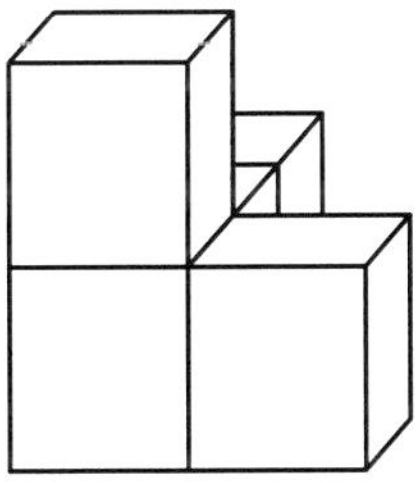
1 P
2 N

E 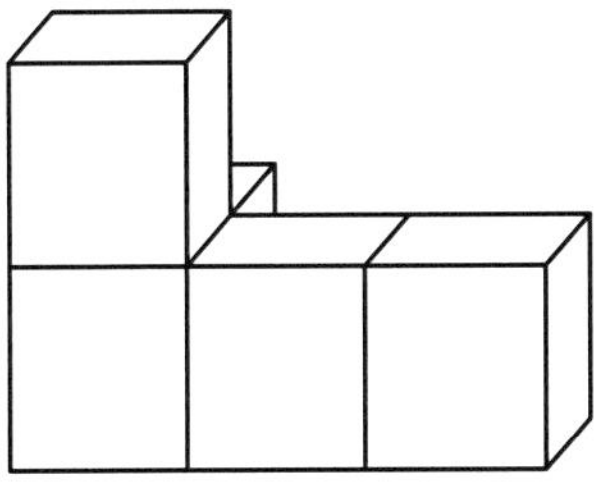
1 U
2 I

F 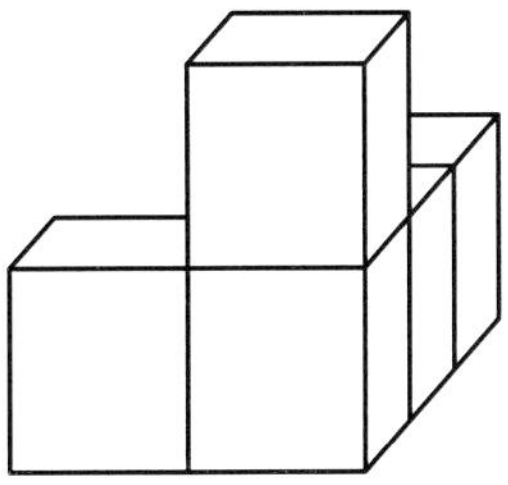
1 O
2 E

	A	B	C	D	E	F
Kennbuchstaben der Lösungen: (ein Körperteil)						
Lösungswort:						

KOHL VERLAG Würfel-Geometrie Räumliche Wahrnehmung trainieren – Bestell-Nr. 12 204

Welcher Würfelturm wurde jeweils gedreht?

Aufgabe: *Aus den Kennbuchstaben der richtigen Antworten kannst du ein Lösungswort zusammenpuzzeln.*

1

2

A — 1 S — 2 M

B — 1 W — 2 T

C — 1 R — 2 K

D — 1 P — 2 N

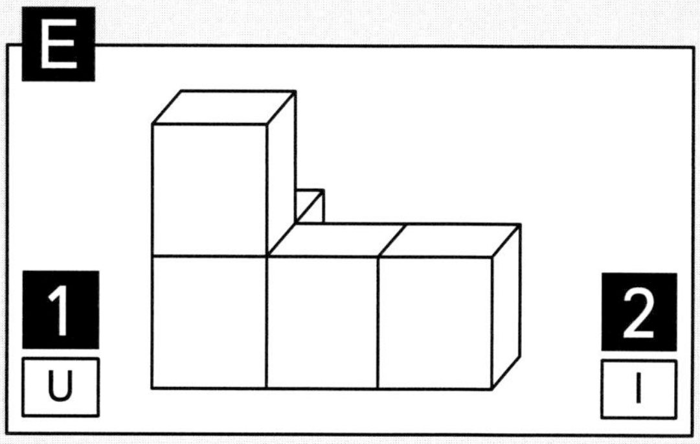

E — 1 U — 2 I

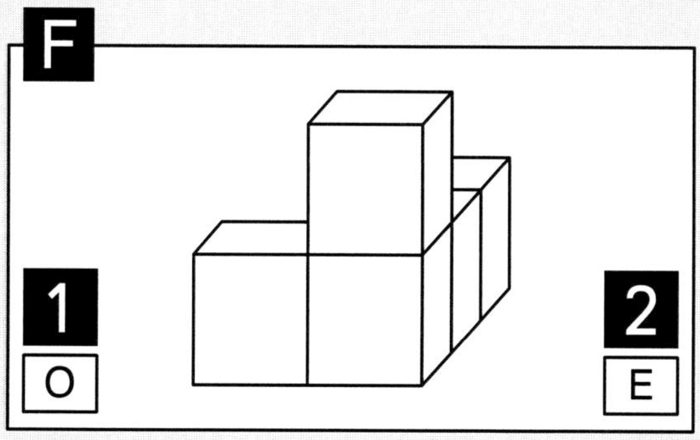

F — 1 O — 2 E

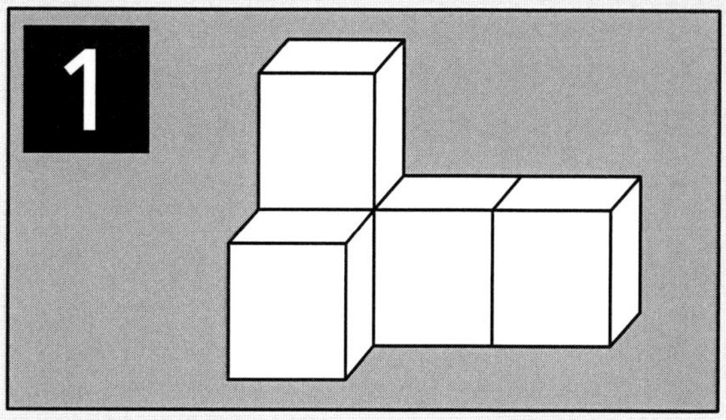

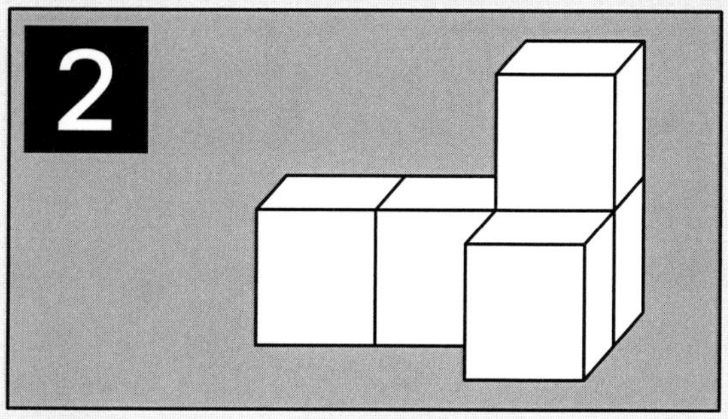

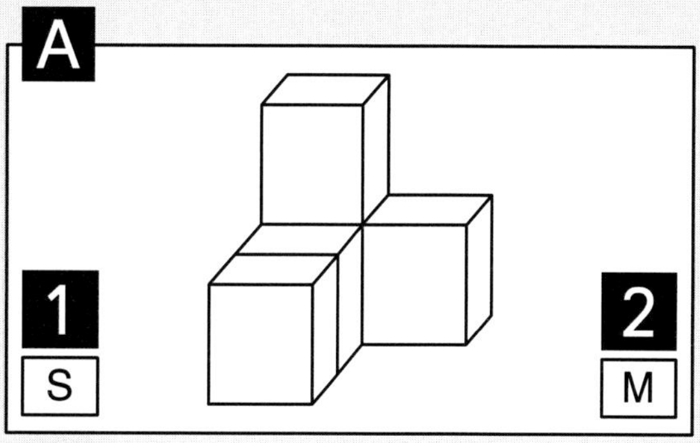

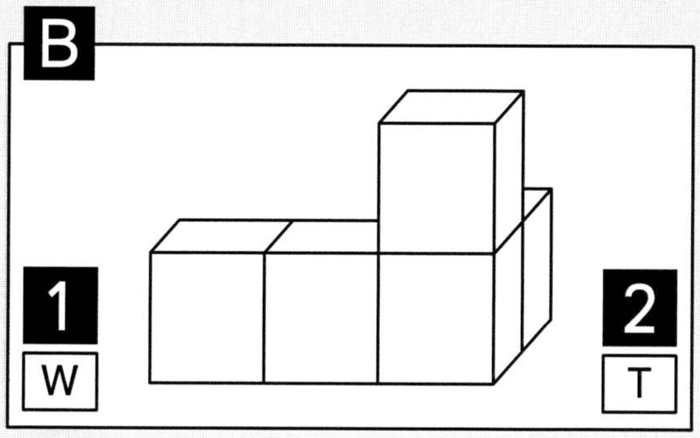

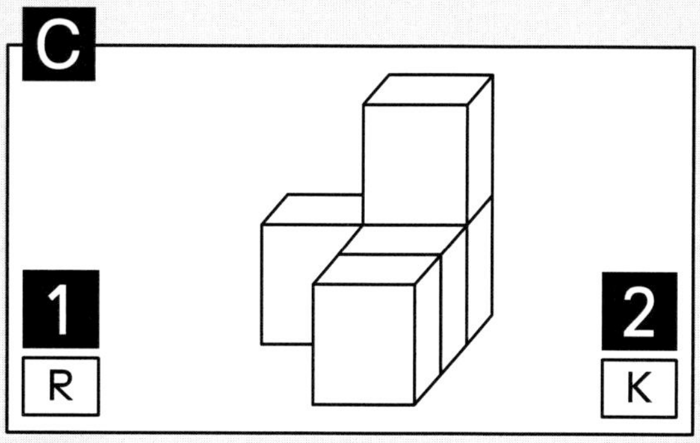

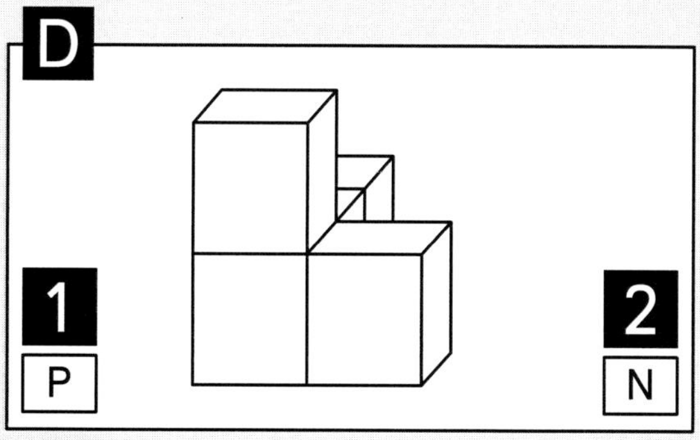

	A	B	C	D	E	F
Kennbuchstaben der Lösungen:	M	W	R	P	I	E
Lösungswort: (ein Körperteil)	W	I	M	P	E	R

Welcher Würfelturm wurde jeweils gedreht?

Aufgabe: *Aus den Kennbuchstaben der richtigen Antworten kannst du ein Lösungswort zusammenpuzzeln.*

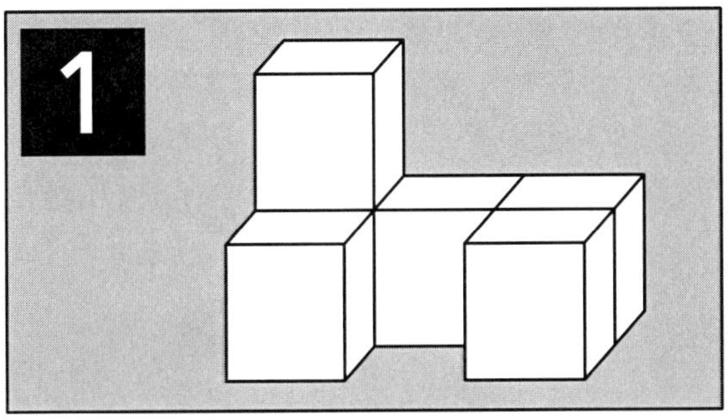

1

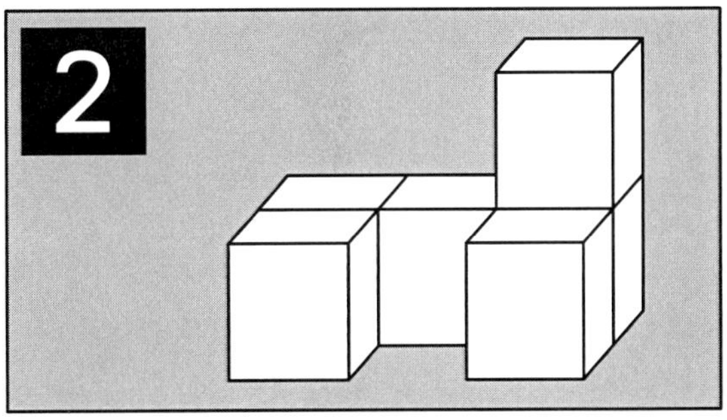

2

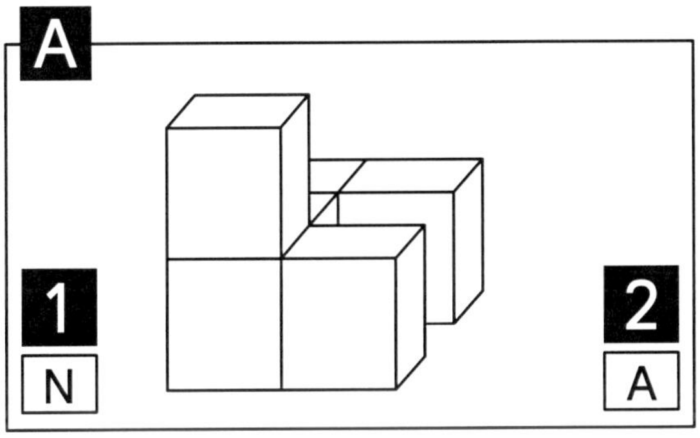

A

1 N

2 A

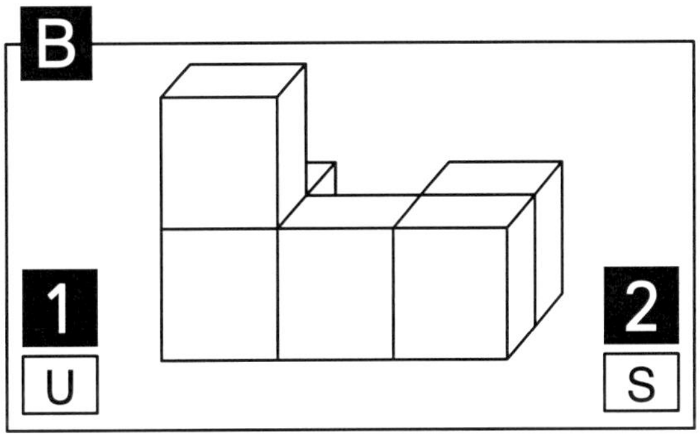

B

1 U

2 S

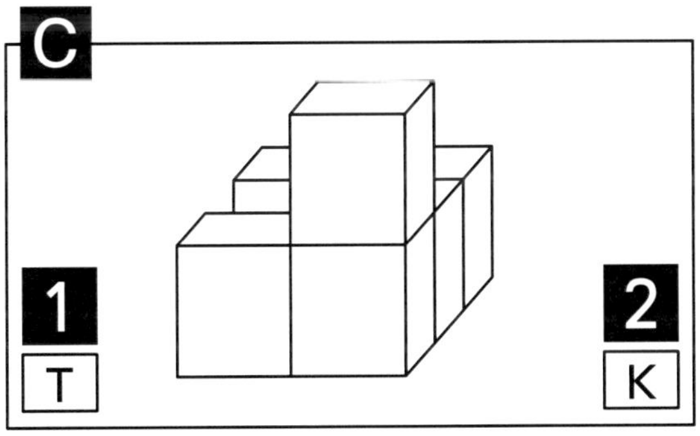

C

1 T

2 K

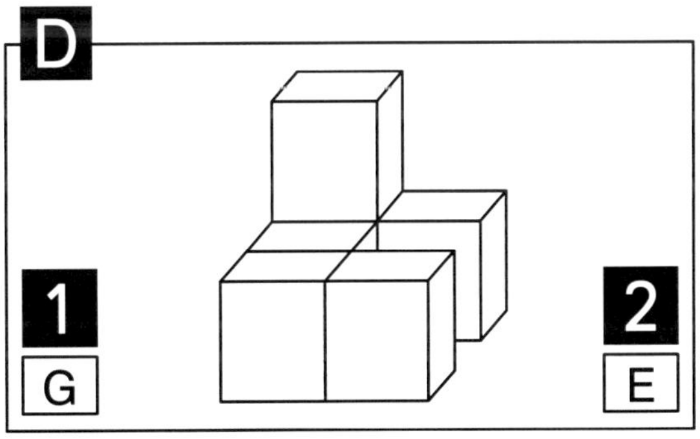

D

1 G

2 E

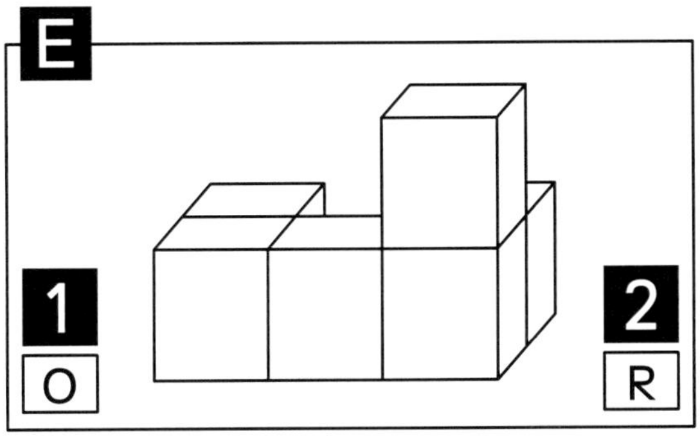

E

1 O

2 R

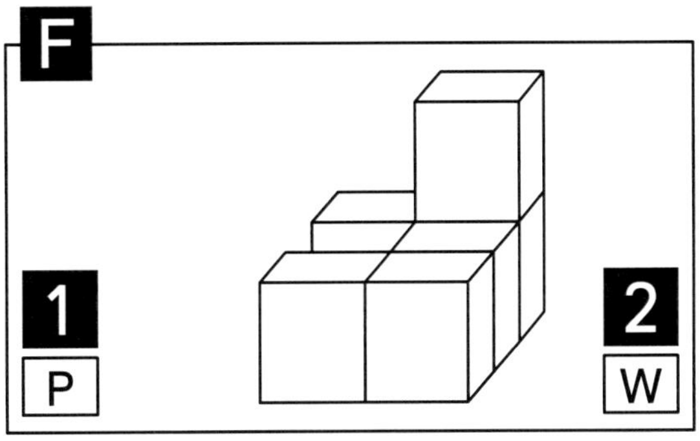

F

1 P

2 W

Kennbuchstaben der Lösungen:

A	B	C	D	E	F

Lösungswort: (ein Teil einer Pflanze)

Würfel-Geometrie
Räumliche Wahrnehmung trainieren – Bestell-Nr. 12 204
KOHL VERLAG

Welcher Würfelturm wurde jeweils gedreht?

Aufgabe: *Aus den Kennbuchstaben der richtigen Antworten kannst du ein Lösungswort zusammenpuzzeln.*

1

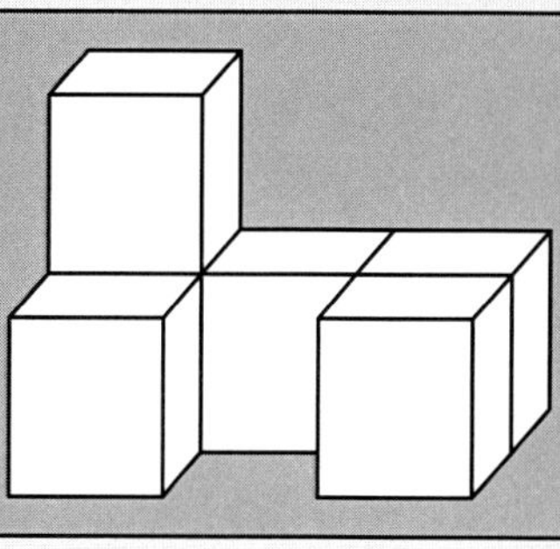

2

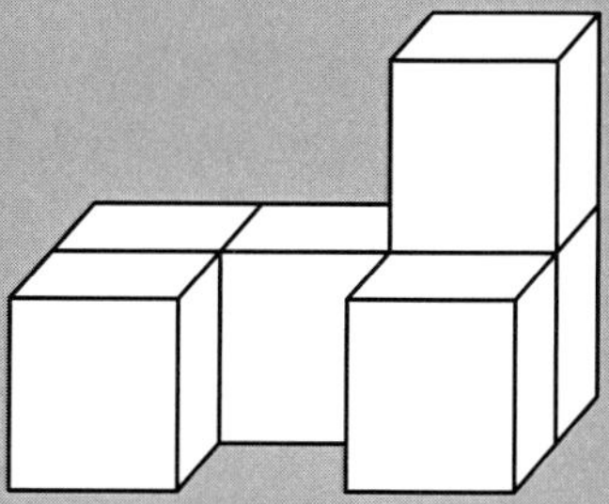

A 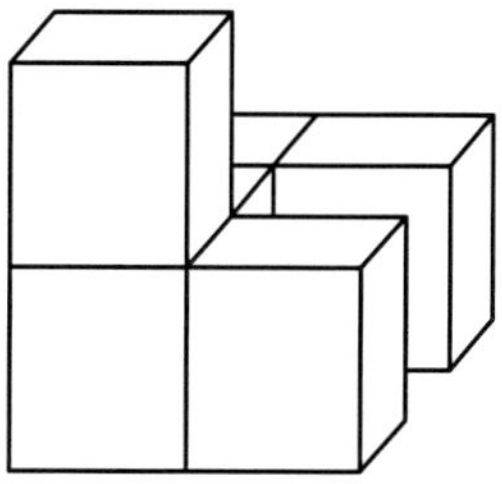 — 1 N — 2 A

B — 1 U — 2 S

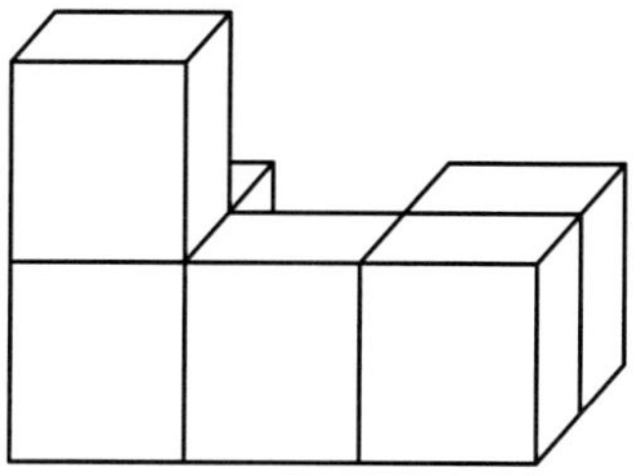

C — 1 T — 2 K

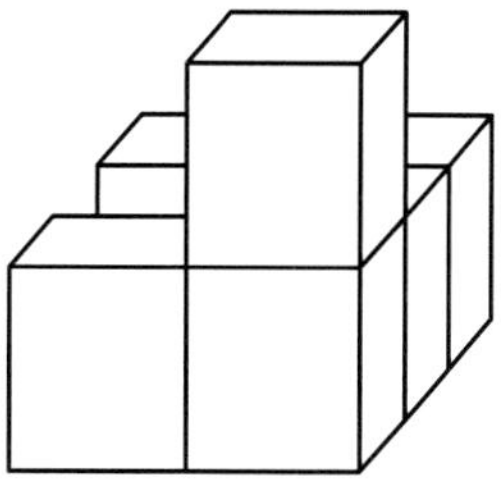

D — 1 G — 2 E

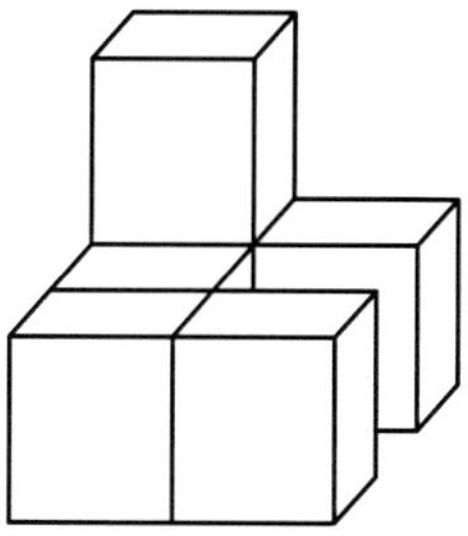

E — 1 O — 2 R

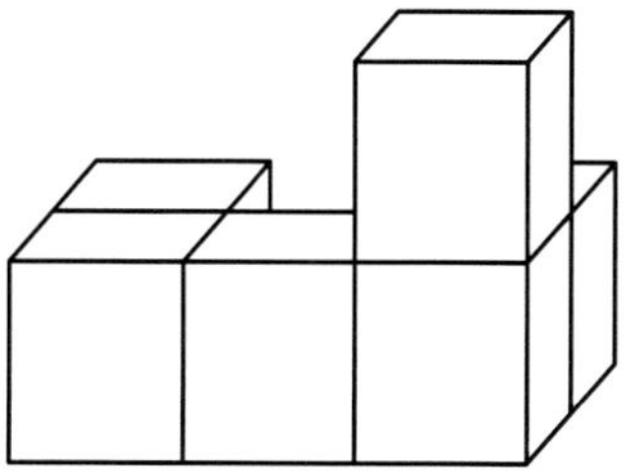

F — 1 P — 2 W

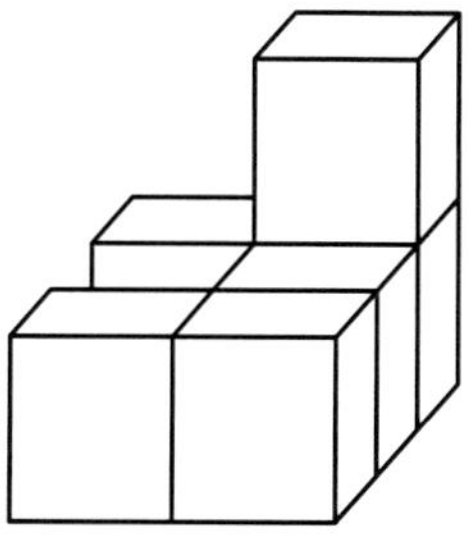

	A	B	C	D	E	F
Kennbuchstaben der Lösungen:	N	S	K	E	O	P

Lösungswort: (ein Teil einer Pflanze)	K	N	O	S	P	E

Wie sieht das Würfelbauwerk von oben aus?

Aufgabe: *Zeichne das Bauwerk aus zwölf Würfeln unten so in das Gitterfeld ein, wie man es von oben sieht. Das Beispiel zeigt dir, wie es gemeint ist.*

Beispiel

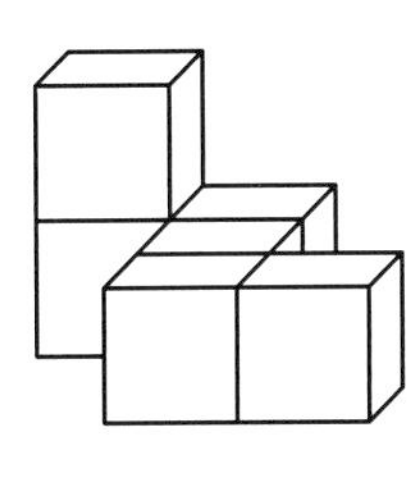

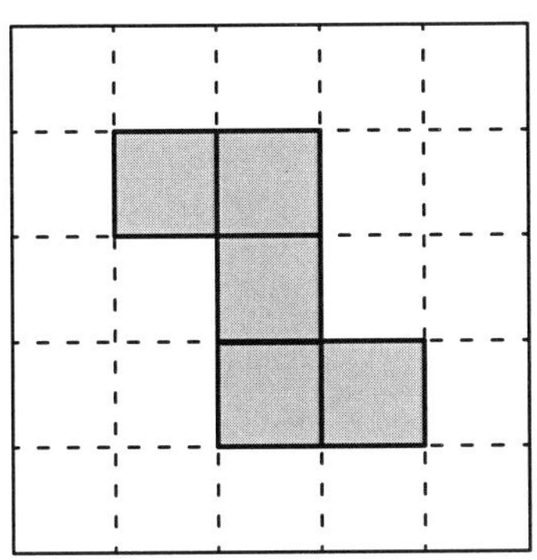

Aufgabe

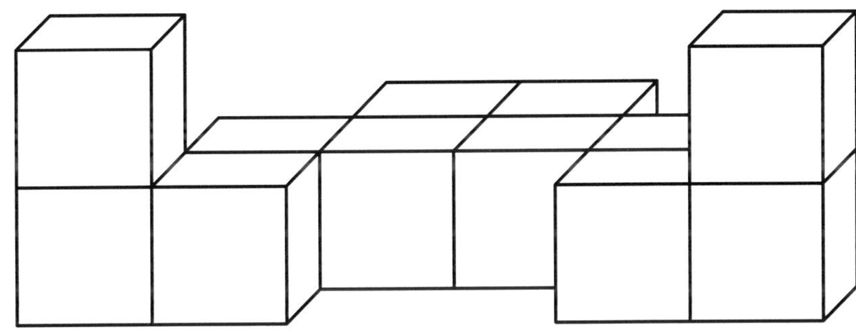

Wie sieht das Würfelbauwerk von oben aus?

Aufgabe: *Zeichne das Bauwerk aus zwölf Würfeln unten so in das Gitterfeld ein, wie man es von oben sieht. Das Beispiel zeigt dir, wie es gemeint ist.*

Beispiel

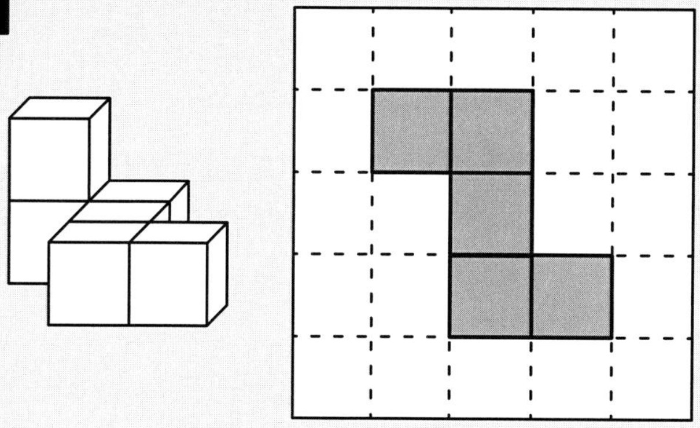

Aufgabe

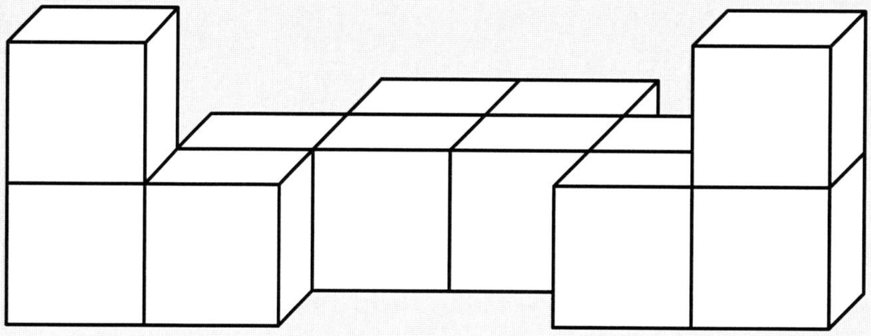

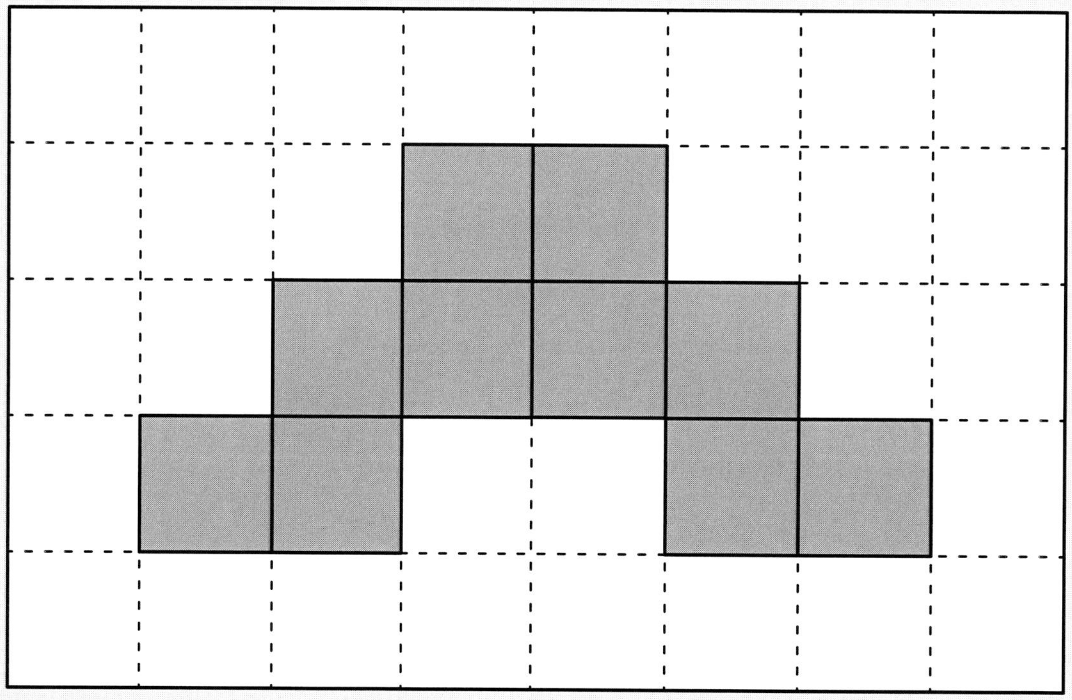

Wie sieht das Würfelbauwerk von oben aus?

Aufgabe: *Zeichne das Bauwerk aus zwölf Würfeln unten so in das Gitterfeld ein, wie man es von oben sieht. Das Beispiel zeigt dir, wie es gemeint ist.*

Beispiel

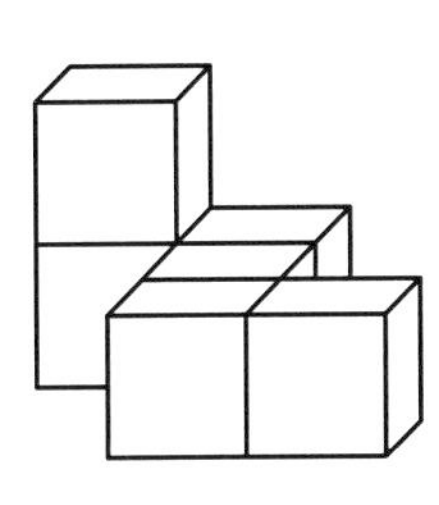

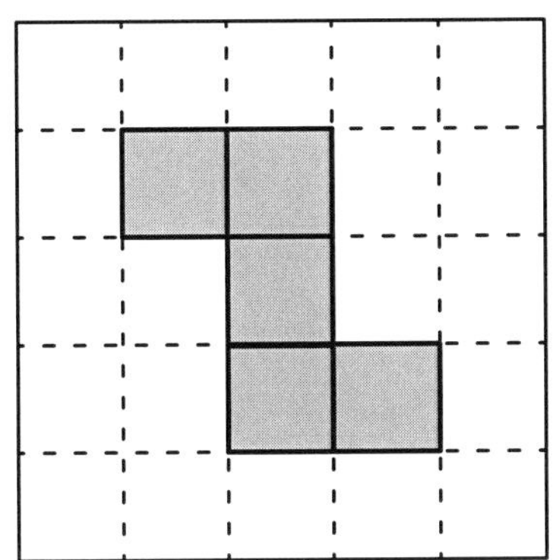

Aufgabe

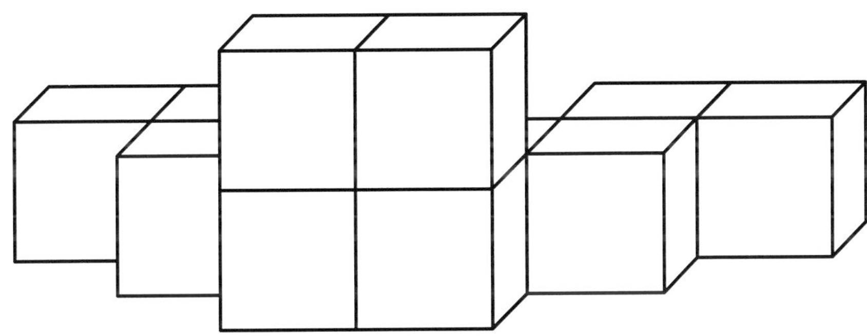

KOHL VERLAG Würfel-Geometrie Räumliche Wahrnehmung trainieren – Bestell-Nr. 12 204

Wie sieht das Würfelbauwerk von oben aus?

Aufgabe: *Zeichne das Bauwerk aus zwölf Würfeln unten so in das Gitterfeld ein, wie man es von oben sieht. Das Beispiel zeigt dir, wie es gemeint ist.*

Beispiel

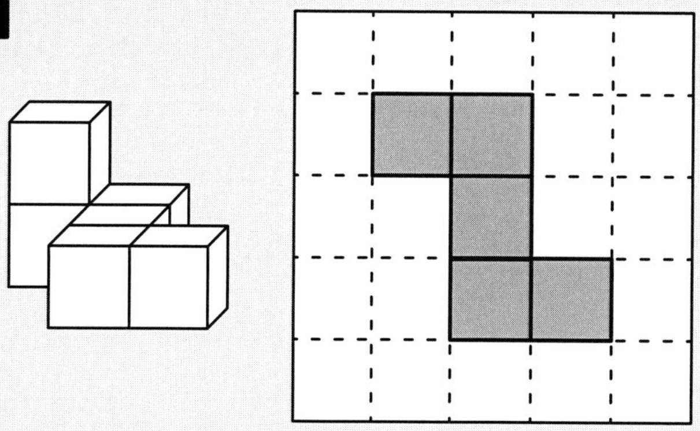

Aufgabe

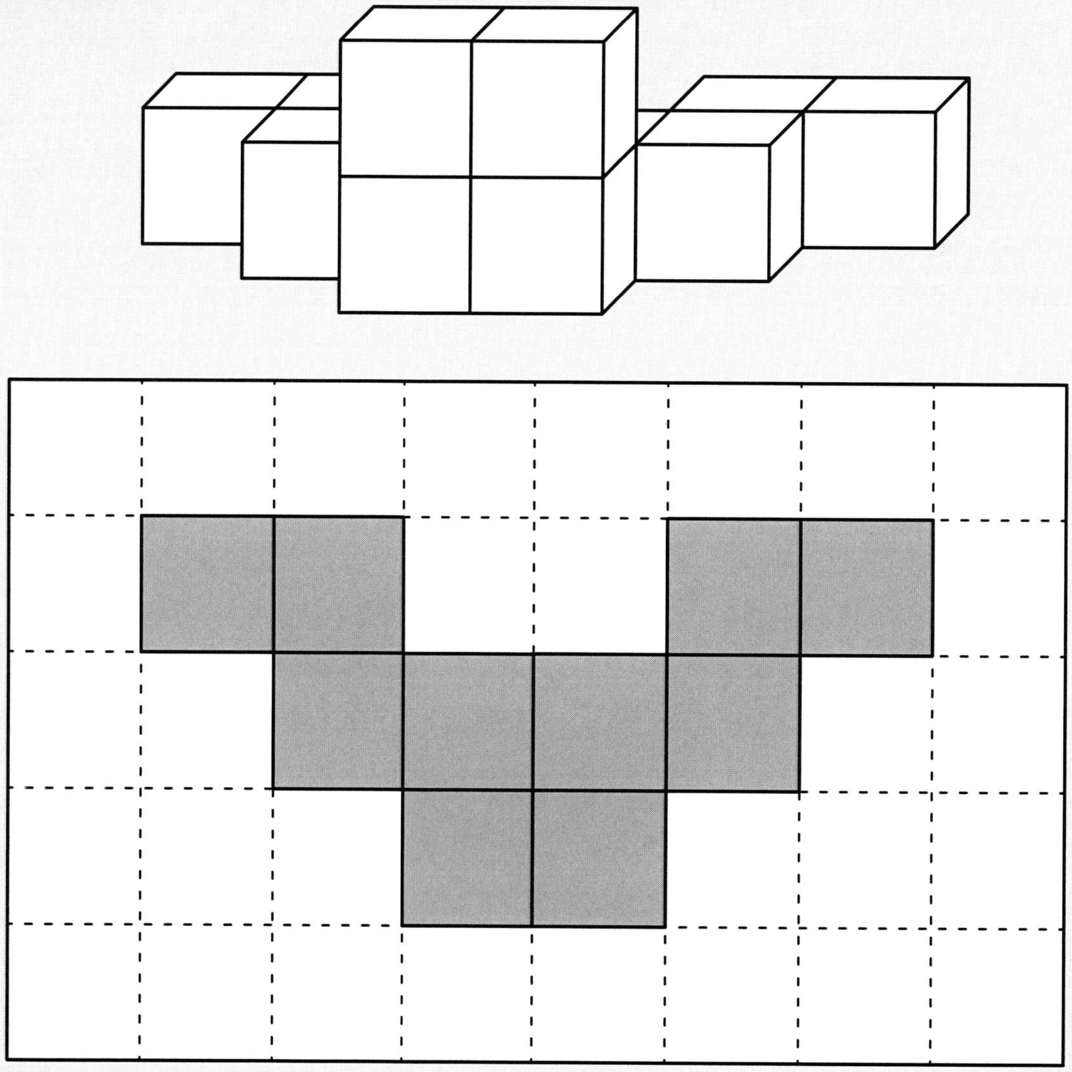

Wie sieht das Würfelbauwerk von oben aus?

<u>**Aufgabe**</u>: *Zeichne das Bauwerk aus zwölf Würfeln unten so in das Gitterfeld ein, wie man es von oben sieht. Das Beispiel zeigt dir, wie es gemeint ist.*

Beispiel

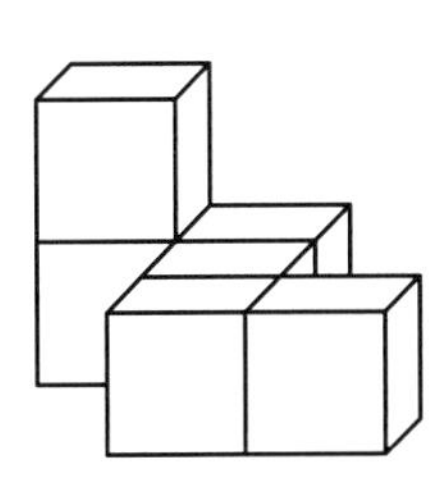

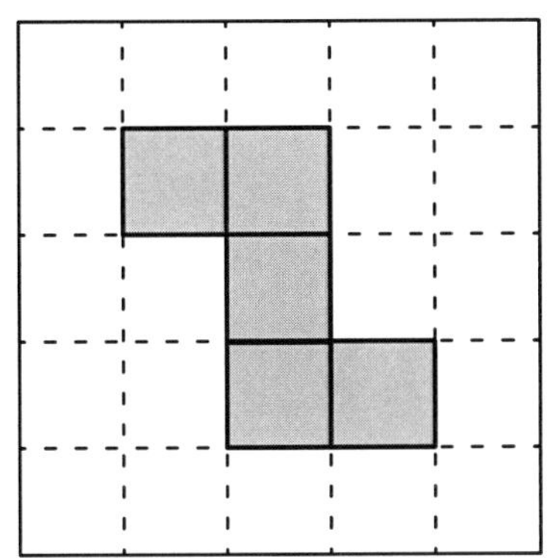

Aufgabe

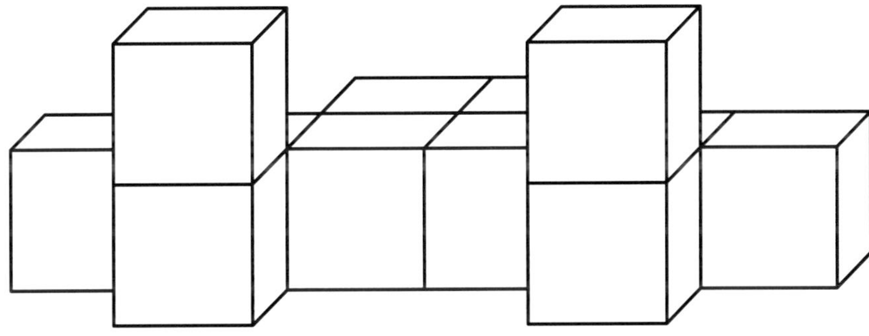

KOHL VERLAG Würfel-Geometrie Räumliche Wahrnehmung trainieren – Bestell-Nr. 12 204

Wie sieht das Würfelbauwerk von oben aus?

Aufgabe: *Zeichne das Bauwerk aus zwölf Würfeln unten so in das Gitterfeld ein, wie man es von oben sieht. Das Beispiel zeigt dir, wie es gemeint ist.*

Beispiel

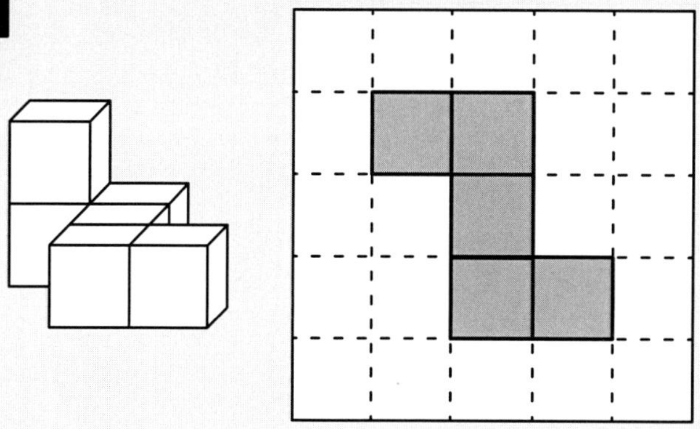

Aufgabe

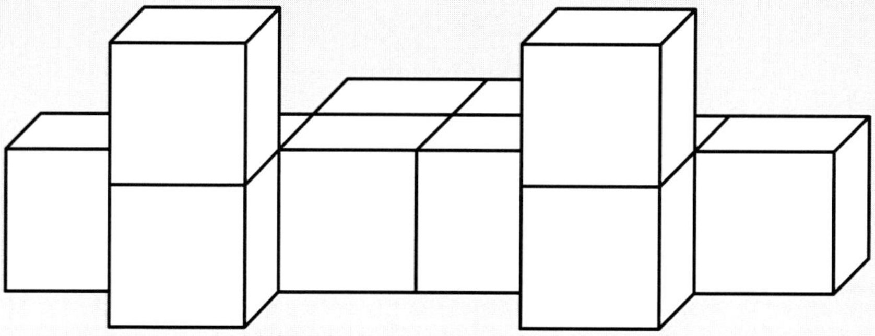

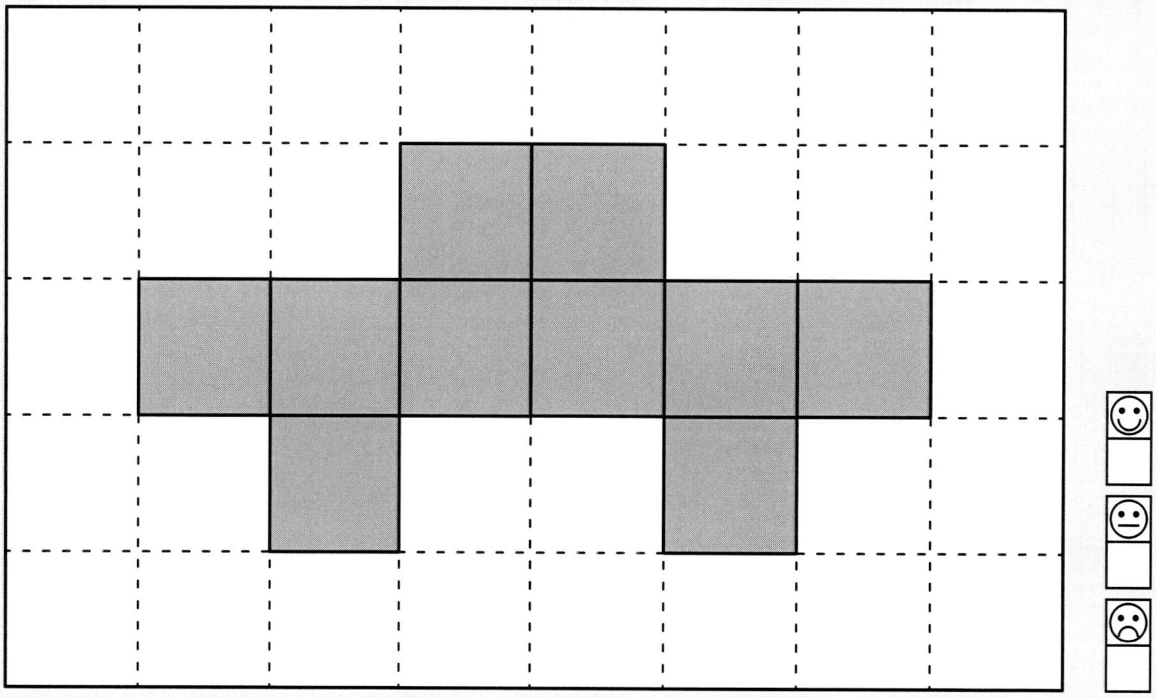

Wie sieht das Würfelbauwerk von oben aus?

Aufgabe: *Zeichne das Bauwerk aus zwölf Würfeln unten so in das Gitterfeld ein, wie man es von oben sieht. Das Beispiel zeigt dir, wie es gemeint ist.*

Beispiel

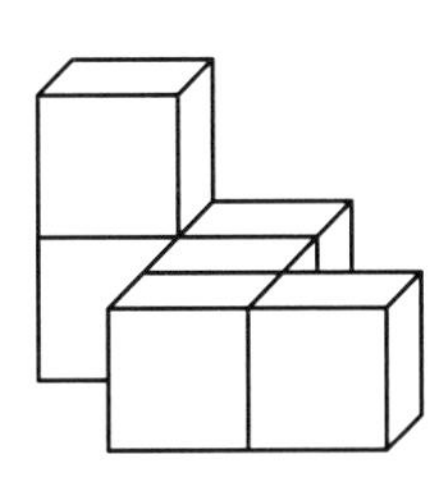

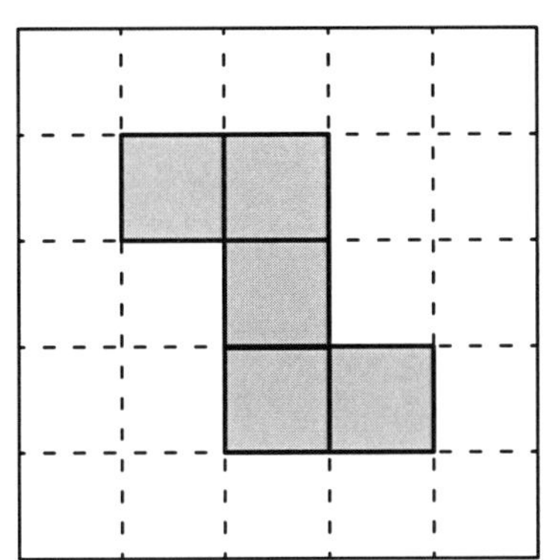

Aufgabe

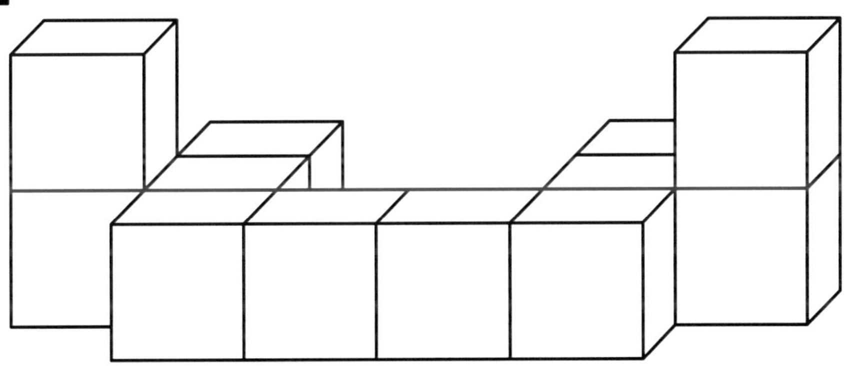

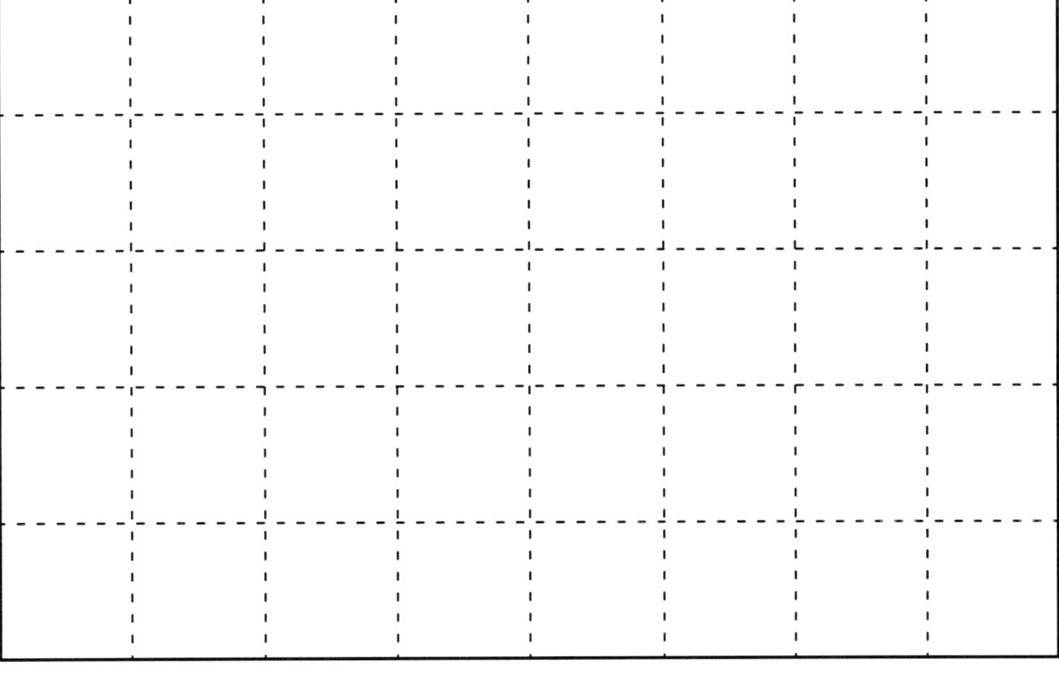

Würfel-Geometrie
Räumliche Wahrnehmung trainieren – Bestell-Nr. 12 204
KOHL VERLAG

Wie sieht das Würfelbauwerk von oben aus?

Aufgabe: *Zeichne das Bauwerk aus zwölf Würfeln unten so in das Gitterfeld ein, wie man es von oben sieht. Das Beispiel zeigt dir, wie es gemeint ist.*

Beispiel

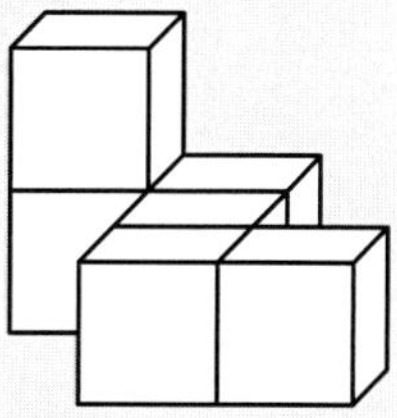

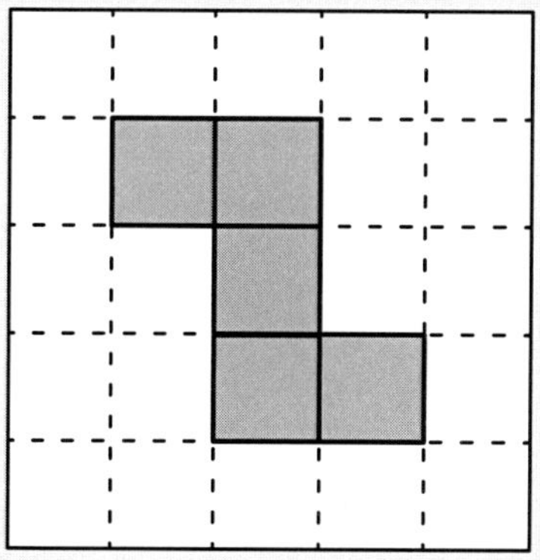

Aufgabe

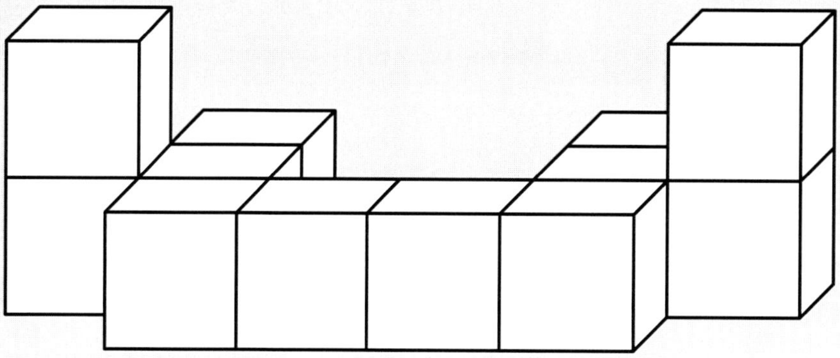

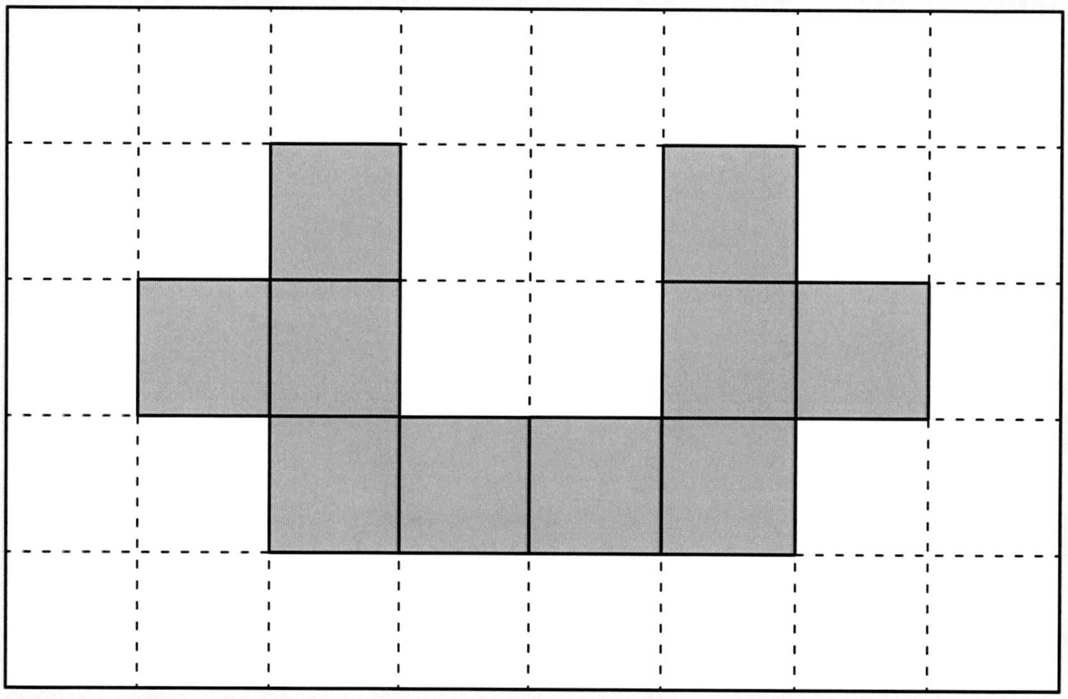

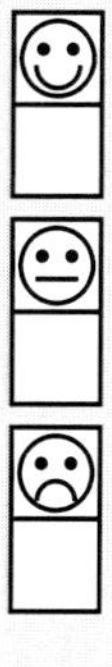

Würfelnetze

Aufgabe: *Schneide das Netz vorsichtig aus und klebe es zu einem Würfel zusammen!*

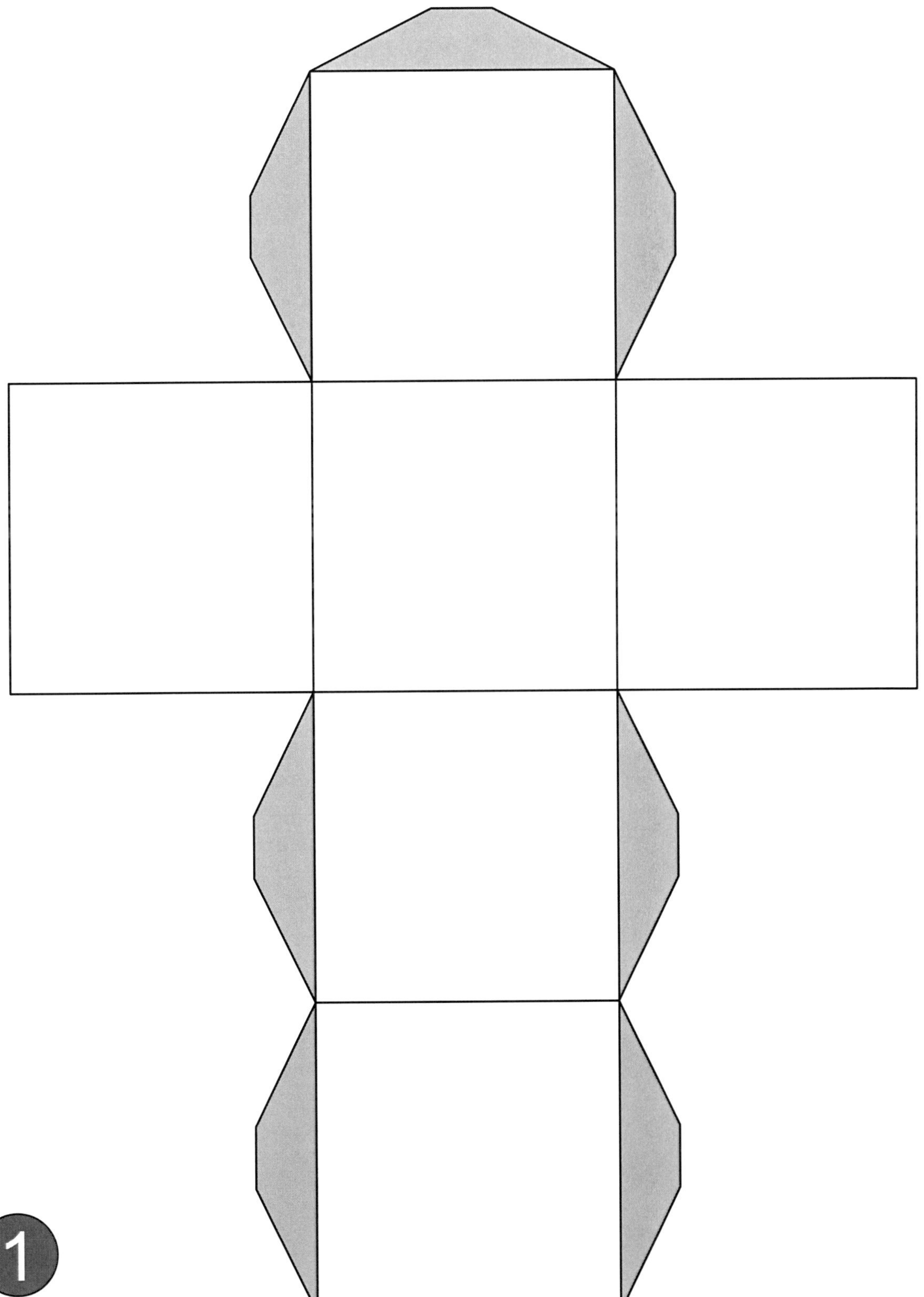

1

Würfelnetze

Aufgabe: *Schneide das Netz vorsichtig aus und klebe es zu einem Würfel zusammen!*

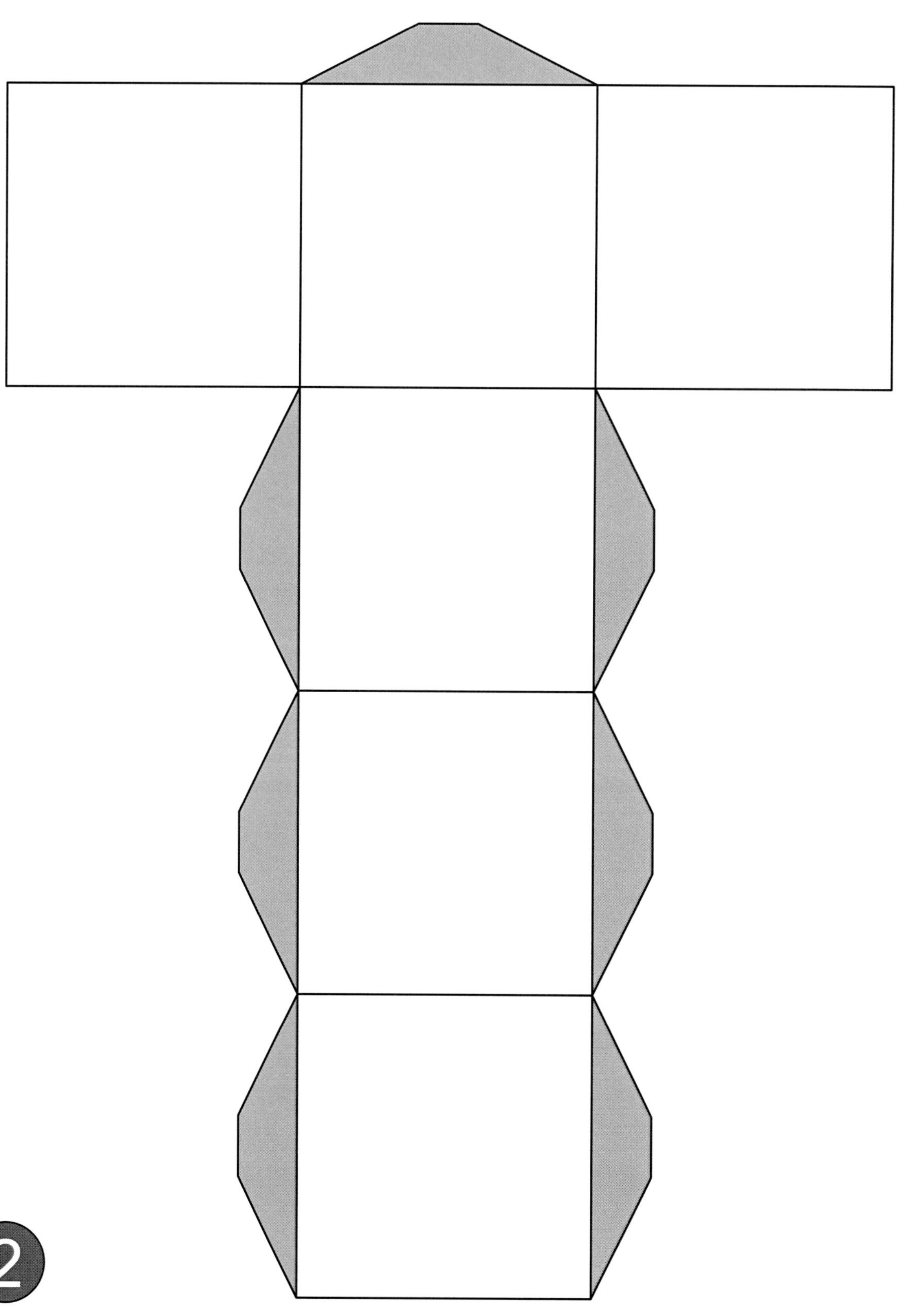

2

Würfelnetze

Aufgabe: *Schneide das Netz vorsichtig aus und klebe es zu einem Würfel zusammen!*

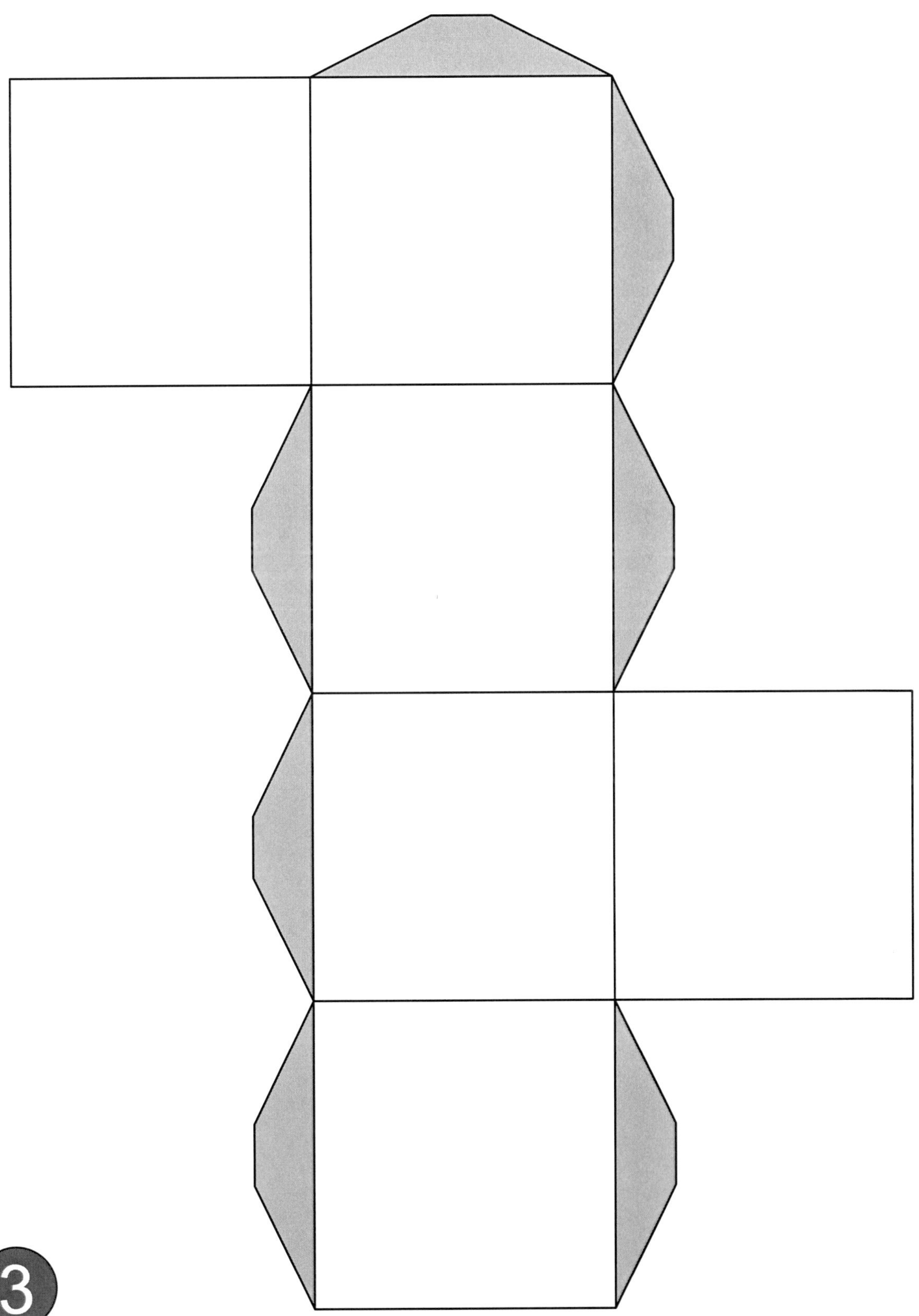

3

Würfelnetze

Aufgabe: *Schneide das Netz vorsichtig aus und klebe es zu einem Würfel zusammen!*

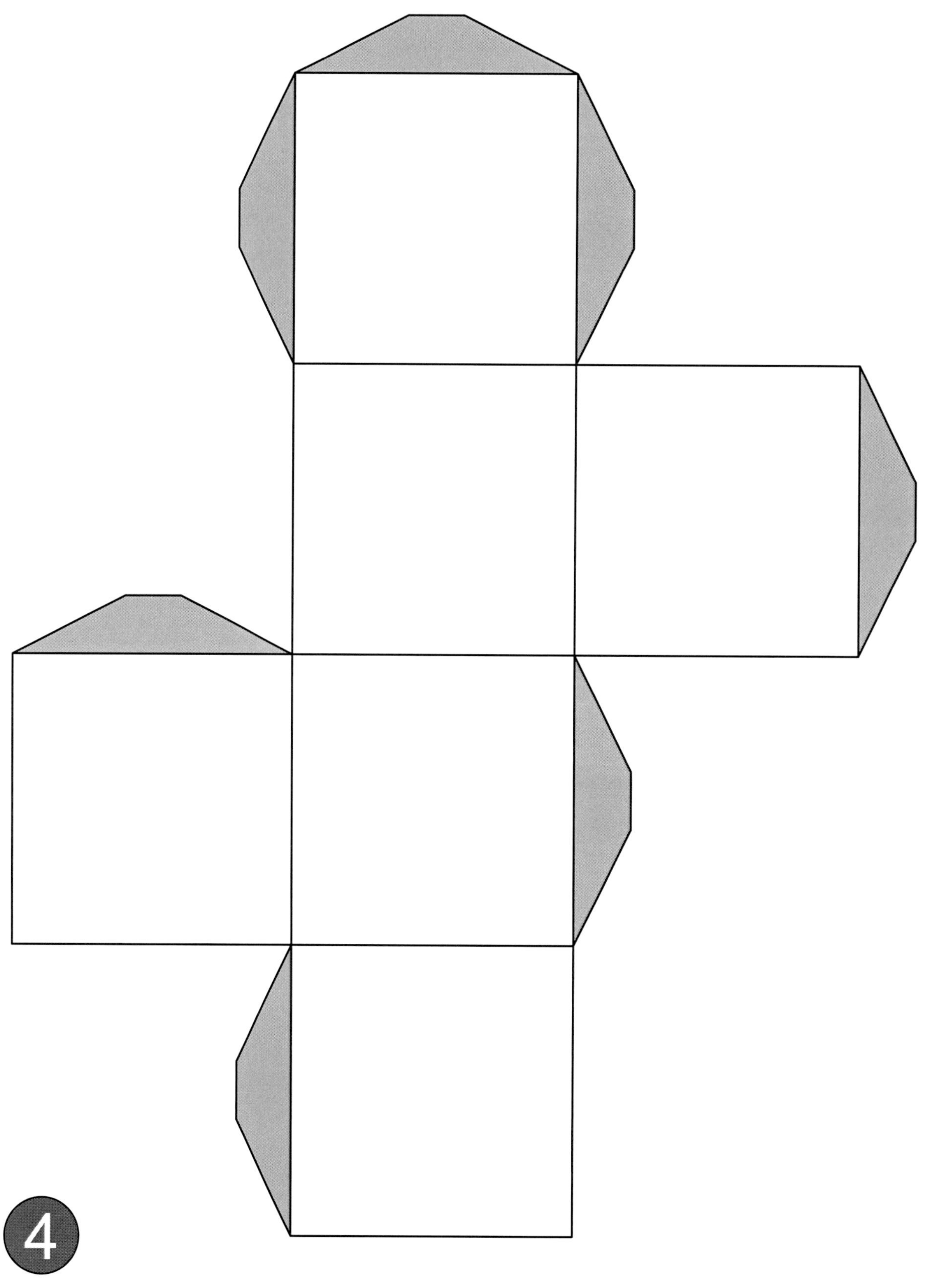

4

Würfelnetze

<u>Aufgabe</u>: *Schneide das Netz vorsichtig aus und klebe es zu einem Würfel zusammen!*

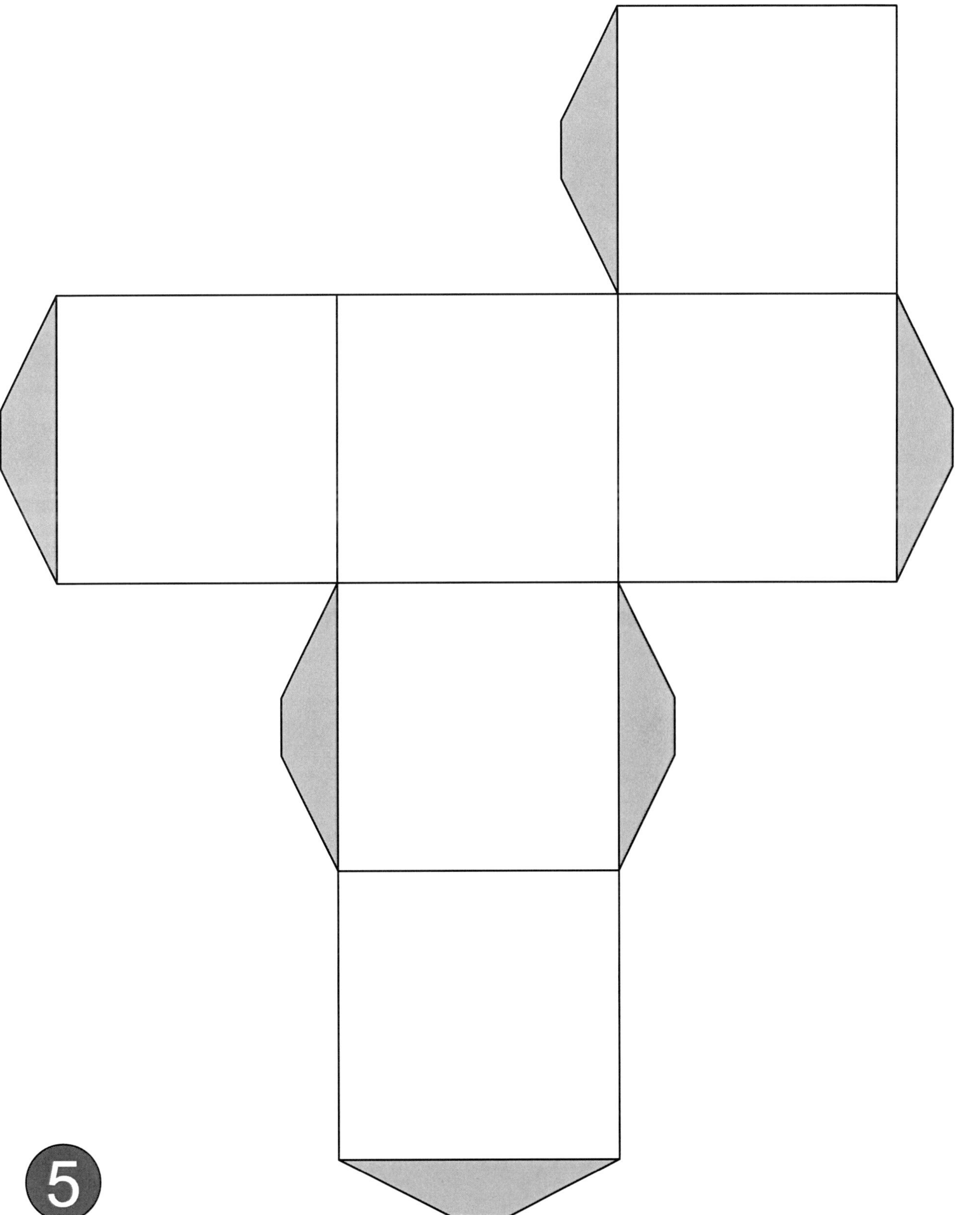

5

KOHL VERLAG
Würfel-Geometrie
Räumliche Wahrnehmung trainieren – Bestell-Nr. 12 204

Würfelnetze

Aufgabe: *Schneide das Netz vorsichtig aus und klebe es zu einem Würfel zusammen!*

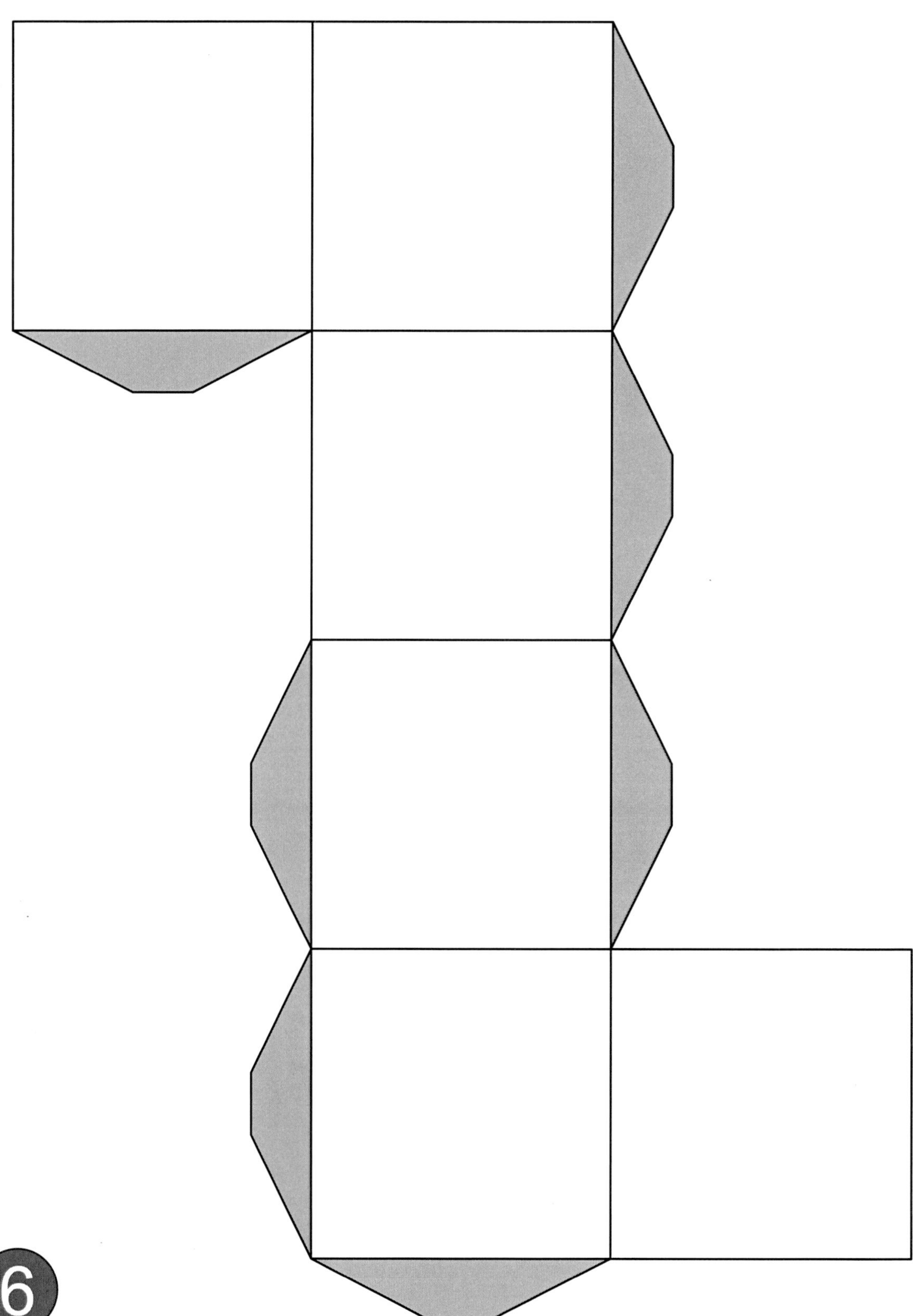

6